含章⑪♥
新实用

阅读图文之美 / 优享健康生活

U0247315

常见果蔬轻图鉴

于雅婷　付彦荣　主编
含章新实用编辑部　编著

江苏凤凰科学技术出版社·南京

图书在版编目（ＣＩＰ）数据

常见果蔬轻图鉴 / 于雅婷, 付彦荣主编 ; 含章新实用编辑部编著. -- 南京 : 江苏凤凰科学技术出版社, 2023.6
ISBN 978-7-5713-3440-6

Ⅰ. ①常… Ⅱ. ①于… ②付… ③含… Ⅲ. ①水果—图集②蔬菜—图集 Ⅳ. ①S6-64

中国国家版本馆CIP数据核字(2023)第017231号

常见果蔬轻图鉴

主　　　编	于雅婷　付彦荣
编　　　著	含章新实用编辑部
责 任 编 辑	洪　勇
责 任 校 对	仲　敏
责 任 监 制	方　晨

出 版 发 行	江苏凤凰科学技术出版社
出版社地址	南京市湖南路 1 号 A 楼，邮编：210009
出版社网址	http://www.pspress.cn
印　　　刷	天津丰富彩艺印刷有限公司

开　　　本	718 mm×1 000 mm　1/16
印　　　张	13.5
插　　　页	1
字　　　数	276 000
版　　　次	2023 年 6 月第 1 版
印　　　次	2023 年 6 月第 1 次印刷

标 准 书 号	ISBN 978-7-5713-3440-6
定　　　价	52.00 元

图书如有印装质量问题，可随时向我社印务部调换。

东汉史学家班固曾说："民以食为天，食以安为先。"从古至今，"食"对人类而言都非常重要。在快速发展的今天，人们除了追求吃得饱，更追求吃得好、吃得安全、吃得健康，因此水果和蔬菜以其健康且营养丰富的特质越来越受到人们的青睐，在人们的日常饮食中占据了越来越重要的地位。

水果是汁液丰富、味道或甜或酸、可食用的植物果实的总称。我国的水果资源十分丰富，除了桃、梅、杏、梨、李、枣、柿子、山楂等原生水果种类外，从国外引进的水果种类也异常丰富，如原产于欧洲、西亚和北非一带的葡萄，原产于巴尔干半岛至伊朗及其邻近地区的石榴及原产于南美洲的番石榴等，这些水果已经在中国大地上牢牢扎根，成为我们经常食用的水果。

水果除了味道酸甜可口，其营养价值也不容小觑。现代营养学研究证明，水果中多含有膳食纤维、碳水化合物、脂肪、维生素以及钙、铁等营养物质，食之不仅可以促进新陈代谢，还可以改善便秘、美容养颜，有助于身体健康。如常见的苹果，就含有大量的膳食纤维、维生素C、蛋白质和氨基酸，每天适量食用，可以促进肠道蠕动、增强机体的免疫力。

蔬果不分家，同水果一样，蔬菜也是一大营养丰富、味道多样的食物品类。我国有关蔬菜的比较详细的记载可以追溯到2 500多年前的《诗经》，其中列举了很多种蔬菜，如荇菜、蒿、笋、荷、荼、卷耳等。古时的蔬菜最早源于野生植物，后随着农业的发展，人们渐渐开始进行人工栽培。蔬菜的种类在我国古代并不是很多，像黄瓜、西红柿、莴笋、菠菜等如今常见的蔬菜都不是原产于我国的。第一批蔬菜是著名的西汉外交家、丝绸之路的开拓者张骞从西域引入的黄瓜、苜蓿、蒜、香菜等。

蔬菜的营养十分丰富，从健康饮食的角度来看，其重要性甚至超过了水果。人体所需要的维生素和矿物质都可以在许多常见的蔬菜中汲取，而不同种类的蔬菜则含有不同的营养成分，如绿叶菜中含有大量的维生素 C、胡萝卜素、B 族维生素及人体所需的钙和铁，马铃薯、山药、南瓜等可以提供丰富的碳水化合物……

无论是水果还是蔬菜，在人们的日常生活中都已经成为常见食品，但对普通人来说，不同的果蔬具体都有什么营养成分，怎样食用更健康，如何保存等，可能都不太了解。《常见果蔬轻图鉴》搜罗了生活中常见的水果、蔬菜，详细标注了这些果蔬的别名、分布区域、营养功效、鉴别等知识，并配以彩色高清图片，让读者轻松认识和了解常见的果蔬，从而更好地选择和食用。

第一部分　　水果

沙棘
46

沙果
47

佛手柑
48

黑枣
49

红毛丹
50

酸枣
51

鳄梨
52

波罗蜜
53

罗汉果
54

酸角
55

蛇皮果
56

水果玉米
57

番石榴
58

无花果
60

圣女果
62

番荔枝
64

凤梨
66

榴梿
68

苹果
70

梨
72

山楂
74

枇杷
76

柠檬
78

柑
80

橘
82

橙
84

柚
86

桃
88

李
90

杧果
92

杏
94

樱桃
96

橄榄
98

枣
100

龙眼
102

荔枝
104

梅
106

杨梅
108

西瓜
110

香瓜
112

哈密瓜
114

甘蔗
116

椰子
118

火龙果
120

第二部分　　　　　　　　　　　　　蔬菜

荸荠
124

菱角
126

菜心
128

菠菜
130

白菜
132

甘蓝
134

香椿
136

韭菜
138

蒜苗
140

芹菜
142

生菜
144

蕹菜
146

马铃薯
148

南瓜
149

冬瓜
150

洋葱
151

荠菜
152

蒜薹
153

木耳菜
154

马齿苋
155

韭黄
156

地笋
157

莲藕
158

西红柿
159

黄瓜
160

山药
162

西葫芦
164

西蓝花
165

花椰菜
166

豌豆
167

杏鲍菇
168

芝麻菜
169

羽衣甘蓝
170

苦菊
171

紫苏
172

茴香
173

苦瓜
174

薄荷
175

豆瓣菜
176

薤白
177

苋菜
178

香菜
180

茼蒿
182

莜麦菜
183

蕨菜
184

芥菜
186

藜蒿
188

丝瓜
189

大葱
190

白萝卜
192

胡萝卜
194

蒜
195

辣椒
196

芋头
198

莴笋
200

姜
202

竹笋
204

黑木耳
206

四季豆
207

红薯
208

水 果

水果在人们的膳食中占有很重要的地位，与人体的健康有着千丝万缕的联系，其营养物质含量丰富，是人体维生素、类胡萝卜素、矿物质等的重要来源，并且对维持人体各种生理功能起着重要作用。此外，水果汁多味美，食之不但对身体有益，还能给人带来味觉的享受，自古便深受人们喜爱。

葡萄

又名蒲桃、草龙珠等。
葡萄科葡萄属。

叶卵圆形，叶片顶端急尖

木质藤本，是世界上最古老的果树树种之一。叶卵圆形，花序密集，部分枝干发达，果实多为圆形或椭圆形，有青绿色、紫黑色、紫红色等，果实饱满多汁，可直接食用，也可以用来酿酒。花期 4～5 月，果期 8～9 月。

果实颜色有青绿色、紫黑色、紫红色等

果实圆形或椭圆形

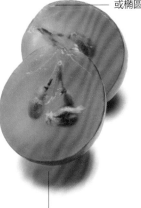

果实饱满多汁

营养档案

每 100 克葡萄中含：

能量	184 千焦
蛋白质	0.5 克
脂肪	0.2 克
碳水化合物	10.3 克
膳食纤维	0.4 克
镁	8 毫克
磷	13 毫克
钾	104 毫克
钙	5 毫克
维生素 C	25 毫克

分布区域

■ 葡萄原产于亚洲西部，现在世界各地均有栽培，其中约 95% 集中分布在北半球。

■ 在中国，葡萄的主要产区有新疆的吐鲁番、和田，山东的烟台，河北的张家口、昌黎以及辽宁的大连等地。

🌿小贴士

1. 葡萄含有丰富的营养物质，但要食用新鲜的。

2. 糖尿病患者、脾胃不佳者建议少食。

3. 家酿葡萄酒以深色葡萄为原材料更容易获得成功。

4. 将葡萄洗净后控干水分，放入干净的容器或食品保鲜袋中，置入冰箱冷藏可延长保鲜时间。

鉴别

龙眼

我国培育的古老品种之一，曾为我国独有。龙眼葡萄果繁粒大，果粒呈紫红色或深玫瑰红，果穗大，果粉厚，皮薄而且透明，有着美丽的外观。果肉多汁，果汁糖分高，浓度大，吃起来味道酸甜可口，素有"北国明珠"之美誉。龙眼葡萄不仅是鲜食的佳品，还是酿酒的主要原料。

白香蕉

果穗中等大小，呈圆锥形或圆柱形，果粒着生中等紧密。果粒中等大小，呈椭圆形。黄绿色，果粉中等厚，皮薄。果肉绿色，多汁，味甜。种子大，与果肉易分离。

洋红蜜

果实深红色，形状为长椭圆形。果穗大，呈圆锥形，果粒着生中等紧密。皮薄，果粉中等厚。果肉硬脆，汁水不是特别多，味道酸甜。

藤稔

果穗中等大，果粒比较大，形状接近圆形。果皮厚，呈黑紫色，容易与果肉分离。肉质紧实，汁多，味道甘甜。

紫珍香

果穗呈圆锥形，穗形整齐。果实为长卵形，大小均匀。果皮为黑紫色，果粉多；果皮与果肉，果肉与种子均易分离。果肉软，果汁多，有较浓的玫瑰香味，酸甜可口，品质上等。

红宝石

果穗大，呈圆锥形，有歧肩，穗形紧凑。果粒较大，卵圆形，平均粒重4.2克，果粒大小整齐一致。果皮呈亮红紫色，果皮薄，果肉脆，无核，味甜爽口。

白羽

果粒呈椭圆形，黄绿色，果穗中等大或较大，圆锥形或圆柱形，有大或中等副穗，常形成对称歧肩，呈翼状，故又名"白翼"。

黑色甜菜

为藤稔与先锋的杂交育成种，属早熟特大粒欧美杂交种。果粒大，果皮厚，果粉多。肉质脆硬，味清爽，少酸无涩。

绿宝石

属鲜食无核中熟品种。果穗呈长圆锥形，平均单穗重约670克，果粒着生中等紧密。果面呈黄绿色，果皮薄，果粒大，为椭圆形。

你知道吗？

葡萄汁被称为"植物奶"，它所含的糖分非常丰富，人体易吸收。葡萄籽中含有一种多酚成分，有抗衰老的作用。

葡萄皮不仅含有很丰富的营养物质，还含有天然的色素，可以作为染料使用。可以说，葡萄全身都是宝。

生长习性

葡萄喜光、喜暖温，对土壤适应性比较强，一般种植在海拔400～600米的地区。

提子

又名美国葡萄、美国提子等。
葡萄科葡萄属。

果穗短圆锥形，
极大

提子是葡萄的一个品类，果脆个大，味道香甜中带着微酸，有"葡萄之王"的称号。提子极耐贮运，品质佳，在市场上以其"贵族身份"备受青睐。提子皮和提子籽均含抗氧化物，对心脑血管疾病具有预防作用，深受人们喜爱。

果实为圆形或卵圆形，一般有果粉

汁多味甜、果皮中厚，色泽诱人

你知道吗？

提子含有葡萄糖，非常容易被人体吸收和利用。人体出现低血糖时，可以立即食用适量提子以缓解症状。另外，提子中的类黄酮是一种抗氧化剂，经常食用有延缓衰老的作用，还可以清除人体内的自由基。

果肉硬脆，可切片

单叶互生，叶片呈心状卵形或心形

花两性，二歧聚伞花序与叶对生

营养档案

每 100 克提子中含：

能量	1 139 千焦
蛋白质	2.1 克
脂肪	0.4 克
碳水化合物	69.3 克
膳食纤维	2 克
钠	60 毫克
镁	35 毫克
磷	76 毫克
钾	1 020 毫克

🌱 小贴士

1. 糖尿病患者不宜多食。

2. 便秘者不宜多食。

3. 脾胃虚寒者不宜多食，易导致泄泻。

提子

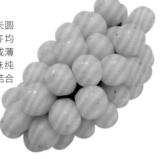

又名"无核白鸡心",果穗大,长圆锥形,果粒着生松紧适度,整齐均匀。果皮中厚,果肉硬脆,能削成薄片,刀切无汁,味甜可口,风味纯正,品质极佳。果柄长,与果实结合紧密,不易裂口。

青提

提子皮的妙用

提子皮富含一种多羟基酚类化合物白藜芦醇,能调节血脂、预防血栓和动脉硬化、增强免疫能力。

提子皮含有单宁,可以抗过敏、延缓衰老、增强免疫力、预防心脑血管疾病。

提子皮含有花青素,有抗氧化、减轻肝机能障碍、保护心血管等功能。

又名"晚红""红地球""红提子",果穗大,呈长圆锥形,果粒为圆形或卵圆形。果皮中厚,果实呈深红色。果肉硬脆,肉色为微透明的白色。果肉能削成薄片,味甜可口。果柄长,与果实结合紧密,不易裂口。

红提

广义上,葡萄包括我们现在所说的葡萄和提子;狭义上,葡萄和提子是有所区别的。因此,将葡萄称为"提子",是不科学的。

果穗呈长圆锥形。果粒呈阔卵形,果顶有明显的三条线,平均粒重8~10克。皮厚肉脆,果皮呈蓝黑色,光亮如漆,果实、果肉味道酸甜可口。

黑提

生长习性

红提是世界著名的晚熟性优良鲜食葡萄品种。穗大,粒大,色艳,果肉硬脆,优质,耐贮运,丰产,喜肥水,适宜降水量少、气候干燥的地区种植。栽培时适宜用小棚架,也可用高宽垂架,长、中、短梢混合修剪。

又名"马乳",因其状如马奶头而得名。主产于新疆、甘肃、山西、河北等地。果穗呈圆柱形,歧肩大,有分枝。果粒为圆柱状,白绿色,甘甜多汁,质脆爽口。

马奶子

分布区域

■提子引进我国后,在福建福州和山东青岛均种植成功,我国大部分地区都适合种植。现大多分布在福建福州、湖南常德、山东青岛等地。

草莓

又名洋莓、红莓、地莓、士多啤梨等。
蔷薇科草莓属。

外表呈鲜红色，
瘦果尖卵形

叶柄密被黄色柔毛

种子形似芝麻

多年生草本，聚合果为主要食用部位，由增大的花托和种子组成。外表大多呈鲜红色，种子形似芝麻，瘦果尖卵形，光滑，果实基本上是悬空生长，不与地面接触。茎低于叶或近相等，叶柄密被黄色柔毛，叶三出，质地较厚，小叶具短柄，呈倒卵形或菱形，沿脉较密。聚伞花序，花序下面具一短柄的小叶；花萼片呈卵形，花瓣颜色为白色，近圆形或倒卵椭圆形。自然环境下生长的草莓花期4～5月，果期6～7月。

原产自南美、欧洲，现在世界各地广泛栽培。

全世界的草莓品种共有20 000多个，但大面积栽培的优良品种只有几十个。

我国自己培育的和从国外引进的新品种已有200～300个。

生长习性

草莓喜光，喜潮湿，喜温凉气候，有较强的耐荫性。草莓越夏时，气温高于30℃并且日照强时，需采取遮阴措施。

分布区域

■原产于南美洲、欧洲。

■在我国，主要分布于辽宁、河北、山东、安徽、四川等地。

营养档案

每100克草莓中含：

能量 ……………134 千焦

蛋白质 ……………0.7 克

脂肪 ……………0.1 克

单不饱和脂肪酸 … 0.2 克

碳水化合物 ………5.2 克

膳食纤维…………5.2 克

钾 ……………170 毫克

磷 ……………27 毫克

维生素 C…………35 毫克

🌿小贴士

1. 洗过的草莓非常容易坏，最好按需购买。

2. 腐烂的草莓不要食用，容易引起腹泻。

鉴别

章姬
果实个大、味美，颜色鲜艳有光泽，日本引进品种。果实健壮，香气怡人。果肉呈淡红色，细嫩多汁，浓甜美味，在日本被誉为"草莓中的极品"。

红宝石
是一个少有的世界性草莓优良品种。果实呈长圆锥形，个大，果面为深红色，呈现出美丽的光泽；果实坚硬，耐贮性好，特别适合长途运输。果味酸甜，口感芳香。

甜宝
果形大，果实呈鸡心形。果实表面和内部色泽均呈鲜红色，外形美观，色泽亮丽，畸形果少，味美香甜，是老少皆宜的健康绿色食品。

达赛莱克特
形状周正整齐，是标准的长圆锥形，比较大。果面为深红色，有光亮。果肉全红，质地坚硬。果实品味极佳，风味浓，酸甜适度。

赛娃
为四季草莓品种。果实为长圆锥形或楔形，果顶扁平，果形大，果面呈鲜红色，有光泽；果肉呈深橙红色，硬度大，汁液多，风味酸甜适口，香味浓，品质佳。

你知道吗？

草莓富含氨基酸、果糖、葡萄糖、果胶、胡萝卜素、维生素 B_2、烟酸及矿物质钙、镁、磷、钾和铁等，这些营养成分对人体生长发育有很好的促进作用。草莓中的某些营养成分还有一定的保护视力和促进消化的功效。

大将军
果实为圆柱形，个大。果面鲜红，味道香甜，口感好。是美国培育的大果型、早熟新品种。在美国草莓品种中，其果个和果实硬度最大，是国际上公认的特色品种。

宝交早生
日本草莓中的早熟品种。果实呈圆锥形，果肉为浅橙色，味香甜，种子为红或黄色，多凹于果面，硬度中等，是鲜食极佳品种。

草莓如何清洗？

草莓不易清洗干净，可用淡盐水浸泡 10 分钟左右，可去除草莓中残留的农药。

法兰地
果实为长圆锥形，果肉、果面呈红色，果实大小均匀整齐，因为味道比较酸，并不是每个人都喜欢，经常被种植在阳台上，既可作为观赏植物，又可食用。

树莓

又名覆盆子、悬钩子、山莓、山扑也子、刺葫芦等。
蔷薇科悬钩子属。

叶为单叶互生

幼枝有白粉和倒刺，果实球形，小核果密生灰白色柔毛

直立灌木，高 1 ~ 3 米。幼枝呈绿色，上面附有白粉，有少量倒刺；单叶互生，托叶线状披针形，顶端渐尖，基部微心形。花单生或少数生于短枝上；花梗具细柔毛；花直径可达 3 厘米；花萼外密被细柔毛，无刺。果实下垂呈圆形或卵球形，由很多小核果组成，小核果上有许多灰白色的柔毛，果实有红色、金色和黑色等。花期 2 ~ 3 月，果期 4 ~ 6 月。

果实有红色、金色和黑色等

营养档案	
每 100 克树莓中含：	
能量	218 千焦
蛋白质	0.2 克
脂肪	0.5 克
碳水化合物	13.6 克
钙	22 毫克
磷	22 毫克
镁	20 毫克
钾	168 毫克
维生素 C	25 毫克
维生素 P	240 毫克

功能特效

树莓具有多种保健功效，能够涩精益肾、助阳明目，还有醒酒止渴、化痰解毒之功效，主治肾虚、遗精、醉酒、丹毒等症。

树莓还有活血化瘀、除烦止渴的作用，能够有效改善各种吐血、便血、风湿关节炎等症状。

树莓叶性微苦，有解毒、消肿、敛疮等功效，还能治疗咽喉肿痛、多发性脓肿、乳腺炎等病症。

分布区域

■世界范围内，主要分布于朝鲜、日本、缅甸、越南等国家。

■在我国，主要分布于河北、辽宁、山西、浙江、江苏、福建、山东、四川、陕西等地。

鉴别

红树莓　叶背呈银白色，嫩叶呈紫红色。浆果为圆球形，深红色，外形像没有斑点的草莓，小巧可爱，芳香味浓，品质优良。

红宝达　于1985年从美国引进的品种，成熟的果实呈红色或深红色，形状为圆锥形或短圆锥形。果实比较大，果汁红色，香味很浓。

红宝珠　成熟之后的果实颜色从红色到深红色，呈圆球形，有开口。果实不大不小，果汁为红色，果香味浓。

红宝玉　从美国、波兰引进了多个品种才筛选出来的优良品种，培育出来后，品味已经超过原有品种，浆果为红色，熟后容易与花托呈帽状分离。果实比红树莓大，鲜食风味佳。

蓝树莓　从美国引入的品种，果实初结时为浓绿色，成熟时变为蓝黑色，果面颜色与黑树莓相似，成长过程中为宝蓝色，像宝石一般，十分漂亮。

黑树莓　又称"黑色莓"，果色为紫黑色，种子较小，内核中空，覆盖有一层白色的果粉，远远看过去有些像发亮的松子。果味酸甜适口，风味浓郁。

丰满红　是我国第三代新开发的品种，每果由20~50枚小果组成，每单果内有种子1枚。果实成熟时为鲜红色，亮丽透明。味甜酸适口，适于鲜食、加工和速冻等。

金树莓　是一个较新的品种，为红树莓品种发生自然变异的结果，颜色从清晰的淡黄色慢慢变为杏子黄。甘美的味道和口感给人绵软、柔顺的感觉，还有淡淡的杏子清香。

你知道吗？

树莓含有丰富的脂肪、碳水化合物、矿物质、维生素、有机酸等物质，尤其是水杨酸含量很高。这些营养物质容易被人体所吸收，并促进对其他营养物质的吸收和消化。

蔓越莓除了可鲜食外，还可以用来泡酒、做蛋糕。

生长习性

树莓耐贫瘠，适应性强，属阳性植物。树莓多生于向阳坡地、荒地和疏密灌丛中潮湿处，只要有营养繁殖体，就可以根蘖芽成苗，改变周围环境。

桑葚

又名桑椹、桑果、桑枣、桑蔗等。
桑科桑属。

由多数小核果集合而成，果实呈长圆形，黄
棕色、棕红色至暗紫色

多年生乔木桑树的果穗，大多
密集成红紫色或黑色椭圆形聚花
果，由很多小核果集合而成，
长 1 ~ 2.5 厘米。汁浓，甜
酸清香，含有丰富的营
养成分。桑葚喜欢阳光，
对气候和土壤的适应性
都很强，成熟后大多呈黑紫
或黑红色，多汁味甜，营养非常丰富，有"民
间圣果"的美称。

小核果卵圆形，稍扁

单叶互生，叶片卵
形或宽卵形，边缘
有齿

桑葚如何保存?

1. 桑葚并不好保存，应趁新鲜及
   时食用。
2. 想要长时间保存，可将其洗净
   之后，加入少许的盐和白糖密
   封放入冰箱冷藏。

营养档案

每 100 克桑葚中含：

能量	239 千焦
蛋白质	1.7 克
脂肪	0.4 克
碳水化合物	9.6 克
膳食纤维	3.3 克
钠	2 毫克
磷	33 毫克
钾	32 毫克
钙	30 毫克
维生素 E	12.78 毫克

你知道吗?

桑葚含有鞣酸、脂肪酸、苹
果酸等营养物质，能促进脂肪、
蛋白质及淀粉的消化，经常食用
可以起到健脾养胃的功效。

桑葚鲜果中含 16 种氨基酸
以及大量游离酸，此外还含有锌、
铁、钙、锰等人体需要的矿物质
和微量元素，以及胡萝卜素、丁
二酸花色胶、果糖、葡萄糖、纤维
素等，可以说既是食品又是药品，
是"药食同源"的农产品之一。

桑葚

鉴别

红果一号

树形直立紧凑，枝条粗长，节间较密，叶片大，果实为圆筒形，紫黑色，果汁多，果味酸甜，是高产型果叶兼用及加工用品种。

红果2号

形状为长筒形，单果重 3 克左右，颜色呈紫黑色，果味酸甜爽口，果汁鲜艳，5 月上中旬成熟，是果叶兼用及加工用品种。

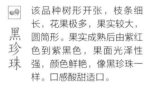

黑珍珠

该品种树形开张，枝条细长，花果极多，果实较大，圆筒形。果实成熟后由紫红色到紫黑色，果面光泽性强，颜色鲜艳，像黑珍珠一样。口感酸甜适口。

白玉王

如它的名字一般，有玉的光泽，十分鲜亮，看上去就令人垂涎欲滴。果实呈长筒形，果色乳白色，汁多，甜味浓，含糖量高。

美味食谱

桑葚奶昔

1. 准备鲜牛奶、原味酸奶、桑葚、蜂蜜各适量。

2. 将鲜牛奶和酸奶倒入盆中，充分地混合均匀后倒入酸奶瓶中，将盖子拧紧后放入酸奶机中，选择酸奶功能约8小时完成，再放入冰箱。

3. 将自制酸奶、桑葚、蜂蜜倒入料理杯中，用料理棒混合搅拌均匀。

4. 另外取一个杯子，在杯中倒入桑葚酸奶，在顶端放几颗桑葚点缀，漂亮的桑葚奶昔就做好了。

生长习性

桑葚对土壤的适应性较强，耐瘠薄，耐旱不耐涝，需选择排水系统好、地面平整、阳光充足、通风透气的地方种植，土壤选择沙壤土，肥料选择尿素或复合肥。常用的繁育方法有扦插、压条、嫁接和种子繁殖。

分布区域

■原产于我国中部地区，约有 4 000 年的栽培史，分布范围广泛。

■东北自哈尔滨以南，西北从内蒙古南部至新疆、青海、甘肃、陕西等地，南至广东、广西，东至台湾均有栽培。

■云南以及长江中下游地区栽培最多。

蔓越莓

又名蔓越橘、小红莓、酸果蔓等。
杜鹃花科越橘属。

常绿小灌木，枝条细长且很少有分枝，幼枝上没有毛，老枝呈紫褐色。蔓越莓也称"鹤莓"，因其有卵形叶子和深粉色花朵，而弯折的花瓣和裸露的雄蕊指向前方，很像鹤的头和嘴而得名。果实为卵圆形浆果，由白色变深红色，味道鲜美，口感重酸微甜。现在我们常见的都是制成果干的蔓越莓。

叶子呈绿色，卵形

果实为长2~5厘米的卵圆形浆果，深红色

小贴士

1. 将蔓越莓置于食品保鲜袋中，在冰箱中冷藏，可保存2~3周。
2. 蔓越莓具有高水分、低热量、高纤维、多矿物质的特点，因此备受人们青睐。

功能特效

蔓越莓有多种保健功能，它能够预防尿道感染、抗幽门螺旋菌、预防心血管疾病、预防心脏病、降低胆固醇、防止动脉硬化、保护肝脏。

蔓越莓具有抗氧化、抗病毒的功能，还能润肠通便、抗溃疡、保护口腔和牙齿。

小花形似鹤，花瓣弯折，雄蕊伸向前方

营养档案

每100克蔓越莓中含：

能量	193 千焦
碳水化合物	12.2 克
膳食纤维	4.6 克
钠	2 毫克
镁	6 毫克
磷	13 毫克
钾	85 毫克
钙	8 毫克
烟酸	0.1 毫克
维生素 C	13.3 毫克
维生素 E	1.2 毫克

蔓越莓

蔓越莓曲奇

1. 准备：蔓越莓干 20 克，低筋面粉 115 克，黄油 75 克，糖粉 30 克，蛋液 15 克。

2. 将黄油隔水软化，加入糖粉、蛋液、蔓越莓干后，筛入低筋面粉，混合成团。

3. 将面团压成饼，整理好形状，放进烤盘中。

4. 将曲奇饼放入烤箱，上火 165℃，下火 130℃，烤制 20 分钟左右即可。

蔓越莓马芬

1. 准备：蔓越莓干 90 克，低筋面粉 200 克，黄油 80 克，鸡蛋 2 个，牛奶 120 毫升，糖粉 70 克，泡打粉 5 克，盐 2 克。

2. 将黄油隔水软化，依次加入牛奶、糖粉、鸡蛋，搅拌均匀。

3. 筛入低粉、泡打粉搅拌均匀，不要过度搅拌均匀，以免面粉起筋。再加入蔓越莓搅拌均匀。

4. 将马芬装入纸杯，八分满。放入烤箱中层，上下火 190℃，烤制 25 分钟左右。

你知道吗？

蔓越莓小小的果子里含有非常丰富的营养物质。其所含的维生素 C、类黄酮素等抗氧化物质和果胶，不仅能为人体提供营养，还能美容养颜。

知识典故

蔓越莓在北美大陆有悠久的种植历史。

早期，印第安土著把蔓越莓做成果酱、果干食用，还用它来疗伤，也作为染料染布匹。

15 世纪，欧洲的殖民者将蔓越莓引入到欧洲。

300 年前，新泽西州的一位船长意外发现蔓越莓可以治疗坏血病。

美国独立战争时期，一个叫霍尔亨利的老兵建立了蔓越莓农场，这是最早的商业种植蔓越莓的记录。

分布区域

■蔓越莓主要分布在气候较为寒冷的北半球，多见于美国北部的马萨诸塞州、威斯康星州、缅因州，加拿大的魁北克州、哥伦比亚州，南美洲的智利和欧洲东北部的部分地区。

■在我国，蔓越莓多分布于东北的大兴安岭地区。

蓝莓

又名笃斯越橘蓝梅、都柿、甸果等。
杜鹃花科越橘属。

叶片互生，呈卵圆形，有茸毛

蓝莓为越橘属蓝果类植物果实，果实大小和颜色因种类而异，成熟时多数果实呈深蓝色或紫罗兰色，少数品种呈红色，有白色的果粉包裹。果肉细腻，果实有圆形、椭圆、扁圆或梨形，果实较大，平均单果重为 0.5~2.5 克。蓝莓的花为总状花序，通常由 7~10 朵花组成，花芽一般生长于枝条顶部，当花芽萌发后，叶芽便开始生长。花冠常呈坛形或铃形，花色为白色或粉红，由昆虫或风作为媒介授粉。

果实较大，呈蓝色，有圆形、椭圆形、扁圆形或梨形

你知道吗？

蓝莓富含维生素和蛋白质，矿物质和微量元素含量也很丰富，被称为"浆果之王"，有保护视力、增强免疫力的功效。我国蓝莓栽培起步比较晚，美国是栽培蓝莓最早的国家，但至今的栽培史也不足百年。

蓝莓富含青花素，因其较高的保健价值风靡世界。

蓝莓是世界粮食及农业组织推荐的五大健康水果之一。

分布区域

■原产自美洲，北美地区的蓝莓质量尤佳，闻名全球。

■全球均有分布，主要分布在气候温凉、阳光充足的国家和地区，如朝鲜、日本、蒙古、俄罗斯，以及欧洲、北美洲。

■在我国主要分布于黑龙江、吉林、辽宁、内蒙古、山东、江苏、贵州、云南等地，多见于针叶林、泥炭沼泽、山地苔原和牧场，在东北的长白山及大、小兴安岭等地自然生长着很多野生品种。

营养档案

每100克蓝莓中含：

能量	239 千焦
碳水化合物	14.5 克
膳食纤维	2.4 克
钾	77 毫克
维生素 C	9.7 毫克

鉴别

蓝丰　美国品种，中熟。树体生长健壮，开张，抗旱能力极强。果实大，颜色呈淡蓝色，果粉厚，肉质硬，果蒂痕干，有清淡芳香味，风味佳。较适合拿来酿酒。

夏普蓝　果实为圆形，幼果呈绿色，成熟时呈深蓝色，表皮有白色果粉。肉质细腻，有香味，多浆汁，种子细小。

美味食谱

粉蓝　晚熟品种，果粒中等大小，肉质极硬，有香味。果皮为亮蓝色，果粉多。果蒂痕小且干。虽然看上去不是很讨喜，但是味道不错，营养也很丰富。

蓝莓酱

蓝莓洗净晾干，放入锅中加入适量白糖用小火不停翻炒，待出汁后再加入适量白糖继续翻炒，白糖全部融化之后加入半颗柠檬挤成的汁，转中小火轻轻搅拌 5~8 分钟，再转大火收汁即可得到自制健康的蓝莓酱。可取一点蓝莓酱放入水中看是否会化开，如果不化说明熬煮成功，如遇水即化则还需要继续炒制。

🌿 小贴士

蓝莓放在 18~26℃ 的温度温下，可以保存 2 周左右，如室温较高也可放冰箱保存。

蓝莓山药

1. 准备铁棍山药、牛奶各 80 克，白糖 50 克，炼乳 2 勺，蓝莓酱 1 勺，水适量。

2. 戴上手套将铁棍山药削皮，切成小段，进蒸锅里蒸至软烂，取出放入碗中捣碎，趁热加入白糖、炼乳和牛奶，捣成细腻的泥状。

生长习性

蓝莓适宜生长在酸性土壤上，可适应不同的气候条件。

蓝莓在一个生长季节内可有多次生长，以二次生长较为普遍。

蓝莓开花期因气候和品种有明显的差异。

蓝莓多为异花授粉植物。

3. 将山药泥装入裱花袋中，选择喜欢的裱花嘴在碟子上挤出形状，淋上蓝莓酱即可。此品味道非常顺滑，香气十足。

猕猴桃

又名奇异果、毛梨。
猕猴桃科猕猴桃属。

表皮带毛，深褐色

种子黑褐色，细小，扁卵形

果肉呈亮绿色，有多排黑色的种子

猕猴桃是猕猴桃属植物果实的总称，有"水果之王"的称号，因果皮布满茸毛而得名。花开时呈乳白色，逐渐变成黄色；果实呈卵形或椭圆形，表皮覆盖着黄棕色的浓密茸毛，早期外观呈黄褐色，成熟后呈红褐色，果肉呈亮绿色。种子数量多而小，呈褐色的扁卵形，和果肉镶嵌于一体。成熟后肉肥汁多，清香甘甜，营养丰富。猕猴桃原产于我国，20 世纪早期被引入新西兰，如今已成为新西兰最负盛名的水果之一。

你知道吗？

猕猴桃营养丰富，含有丰富的维生素、叶酸、胡萝卜素、钙、钾、镁和纤维素等物质，对人体非常有益。猕猴桃喜欢阴凉湿润的环境，置入阴凉通风处保存最好。

营养档案

每 100 克猕猴桃中含：

能量	255 千焦
碳水化合物	14.5 克
膳食纤维	2.6 克
磷	26 毫克
钾	144 毫克
维生素 C	62 毫克

小贴士

1. 脾胃不佳者不可多食，容易引起腹痛、腹泻。

2. 猕猴桃刚购买回来通常需要"催熟"，除了放置让它自然成熟之外还可与苹果放置在一起，其更容易软化。

3. 挑选猕猴桃时可选头部尖尖像小鸡嘴巴一样的，不要挑选扁扁的。

分布区域

■ 原产地在我国湖北省。

■ 猕猴桃属共有 66 个种，其中 62 个种分布在我国华中地区，华东大部分地区，华南以及西北、西南部分地区。

■ 中国及智利、意大利、法国、日本等国家都是猕猴桃生产大国。

猕猴桃

鉴别

中华猕猴桃

我国本土品种，至今约有1 200年历史，果面光滑，有着极短的茸毛，果肉为黄绿色。

软枣猕猴桃

野生于东北、西北、华北、长江流域的山坡灌木丛或林内。果实光滑呈椭圆形，可以生食，也可以制作成果酱、蜜饯、罐头等。果树长得极好，可当作观赏树种。

狗枣猕猴桃

分布于东北以及河北、陕西、湖北、江西、四川、云南等地的林中，果实小，味道香甜且营养丰富。

楚红

果实呈圆柱形，果皮为褐绿色，果面光滑无毛。果实横切面呈放射状彩色图案，极为美观。果肉细嫩，汁多，风味浓甜可口，香气浓郁，品质上乘。

金艳

中华系猕猴桃，果实呈长圆柱形，果皮为黄褐色，少茸毛。果实大小匀称，外形光洁，果肉金黄、细嫩多汁，味香甜。特耐贮藏。

红阳

属中华系，大果型品种，果实整齐，果形美观，果实为短圆柱形，果皮呈绿褐色，无毛。成熟后果肉为翡翠绿色（或黄色），横截面果心为白色。

徐香

1975年从北京植物园引入的美味猕猴桃生苗中选中培育出来的新品种。果实呈圆柱形，果皮为黄绿色，被褐色硬刺毛。果肉为绿色，浓香多汁，酸甜适度。

知识典故

先秦时期的《诗经》中记载："隰有苌楚（猕猴桃的古名），猗傩其枝。"

清朝吴其浚《植物名实图考》中记载："今江西、湖南、河南山中皆有之，乡人或持入城市以售。"

黄金果

因成熟后果实为黄色而得名。果实中等大小，形状为长椭圆形，果喙端尖，果肉味甜芳香，肉质细嫩。

美味食谱

猕猴桃果干

1. 准备风干箱，以及猕猴桃、白砂糖（不喜甜可不用）各适量。

2. 猕猴桃去皮，用凉白开水洗净切片，用盐水洗一遍控水，往上抹一层薄薄的白砂糖。

3. 将猕猴桃片放进风干箱，温度70℃，风干5小时左右即可。（具体时间按切片薄厚会有不同，需按实际情况调整。）

古籍名医录

李时珍在《本草纲目》中对猕猴桃有所描述："其形如梨，其色如桃，而猕猴喜食，故有诸名。"

宋朝药物学家寇宗奭在《本草衍义》中记述："猕猴桃，今永兴军（在今陕西）南山甚多，食之解实热……十月烂熟，色淡绿，生则极酸，子繁细，其色如芥子，枝条柔弱，高二三丈，多附木而生，浅山傍道则有存者，深山则多为猴所食。"

唐慎微在《证类本草》中记述："味甘酸，生山谷，藤生著树，叶圆有毛，其果形似鸭鹅卵大，其皮褐色，经霜始甘美可食。"

柿子

又名柿桃、朱果等。
柿科柿属。

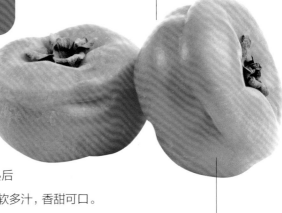

老熟时果肉柔软多汁，香甜可口

成熟后为橙黄色

柿子已经有近 3 000 年的栽培历史，是我国五大水果之一，被称为"果中圣品"。为多年主落叶乔木柿树的果实，果实有球形、扁球形，基部通常有棱，未成熟时为绿色，后变黄色，成熟后为橙黄色。嫩时果肉较脆硬，老熟时果肉柔软多汁，香甜可口。在栽培品种中通常无种子或有少数种子；宿存萼在花后增大增厚，呈方形或近圆形，平而扁，厚革质，干时近木质，果柄粗壮，果期 9 ~ 10 月。柿树是深根性树种，又是阳性树种，喜温暖气候，较能耐寒，耐瘠薄，抗旱性强，但不耐盐碱土。

美味食谱

营养档案

每 100 克柿子中含：

能量	297 千焦
碳水化合物	18.5 克
膳食纤维	1.4 克
磷	23 毫克
钾	151 毫克

柿子饼

1. 准备硬柿子适量，将柿子皮削去，只留下蒂。

2. 将柿子放在阳光下晒干，失去水分的柿子开始变软，其间稍稍整形。

3. 晒制大约 15 天即可。

分布区域

■原产于我国长江流域，现在全国各地均有栽培。

■世界范围内，东南亚、大洋洲、朝鲜、日本，北非的阿尔及利亚、法国、美国等地均有栽培。

🌱 小贴士

1. 脾胃不佳者不可多食。

2. 柿子不可与螃蟹同食。

鉴别

罗田甜柿　指我国湖北省大别山区罗田县产的甜柿，是全球唯一自然脱涩的甜柿品种。特点是个大色艳，身圆底方，皮薄肉厚，甜脆可口。肉质细密，核较多，品质中上。

金瓶柿子　是青岛地区的本土品种，属涩柿，可自花授粉。果实高桩，顶尖部较平顶，肩部圆形，因果皮为金黄色、有光亮，所以人们称它为金瓶柿子。除鲜食果外，它还是具绿化功能、可观赏的优良树种之一。

火晶柿子　果实色红如火，果面有光泽。个小色红，果实扁圆，晶莹光亮，皮薄无核，凉甜爽口，甜而不腻，且果皮极易剥离。适合用来酿柿子酒。

富平尖柿　主要分布在陕西省富平县。果个中等，呈长椭圆形。肉质细密，味极甜，无核或少核，品质上等。该品种加工的"合儿饼"具有个大、霜白、底亮、质润、味香甜五大特色，深受国内外市场欢迎。

曹州镜面柿　山东菏泽的特产果品，用镜面柿加工的"曹州耿饼"素以质细、味甜、多霜而驰名中外。果实中等大，果形扁圆。果皮薄而光滑，橙红色，果肉金黄色，味香甜，汁多无核。

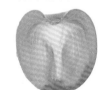

无核方柿　是浙江省杭州市临安区昌北山区特有的优良柿种，因呈方形又无核而得名。柿子果色泽美丽，甜美爽口，涩味极轻。世代相传已逾两百余年，全身是宝，经济价值很高。适合做成果酱后食用。

牛心柿　产于河南省渑池县石门沟，因为它的形似牛心而得名。顶端呈奶头状凸起，果实由青转黄，10月成熟。果色为橙色。口感香脆，甜味十足。

青州大萼子柿　分布在山东省。呈矮圆头形，果肉为橙黄色，肉质松脆，汁多味甜，脱涩后质地极柔软，味甚香甜，无核，品质极上。其饼制品色鲜，霜厚，柔软，味正，久存不干，以"青州吊饼"驰名中外。

功能特效

柿子营养价值很高，含有丰富的葡萄糖、果糖、蛋白质、胡萝卜素、维生素C、钙、磷、铁和锌等物质，可提供人体所需的多种营养。

柿子具有润肺化痰、清热生津、涩肠止痢、健脾益胃、润肠生津、凉血止血等多种功效。

柿子可缓解大便干结、痔疮疼痛或出血、干咳、喉痛等症。

柿子是慢性支气管炎、高血压、动脉硬化、痔疮患者的天然保健食品。

用柿子叶煎服或冲开水代茶饮，有促进机体新陈代谢及镇咳化痰的作用。

果实先端凹陷，有
宿存的肉质萼片

莲雾

又名洋蒲桃、爪哇蒲桃、水石榴、天桃、辈雾等。
桃金娘科蒲桃属。

多年生乔木。叶片为薄革质，先端钝或稍尖，基部变狭，呈圆形或微心形，上面干后会变为黄褐色，下面多细小腺点，有明显网脉，叶柄极短，有时近于无柄。聚伞花序顶生或腋生，花多为白色，花梗长约5毫米，萼管呈倒圆锥形，萼齿为半圆形，雄蕊极多。果实呈梨形或圆锥形，肉质为洋红色，先端凹陷，有宿存的肉质萼片，种子1颗。花期3~4月，果期5~6月。果实颜色鲜亮，清爽可口，是清凉解渴的圣品。

果实呈梨形或圆锥形

营养档案

每100克莲雾中含：

能量	67千焦
蛋白质	0.3克
碳水化合物	3.8克
膳食纤维	0.4克
灰分	0.2克

叶柄非常短

果实肉质，洋红色

叶片薄，革质，
椭圆形至长圆形

鉴别

🐚 市面上果形最大的莲雾，从印度尼西亚引进，由于其果形硕大如巴掌，口感甜脆多汁且具有蒲桃香气，故又称"香水莲雾"。一般果长约10厘米，果皮深红，果肉口感脆而纤维细致，酸味不明显。

巴掌莲雾

🐚 其形状像子弹一样，外表色泽红艳欲滴，果肉呈晕开的红色。产量较低。

子弹莲雾

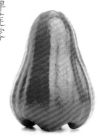

 小贴士

莲雾有很高的营养价值，但婴幼儿及月经期间的女性不宜多吃。

鉴别

 飞弹 其果皮色泽黑红，外观为长条形，果肉厚而多汁，且少有裂果，可与其他品种错开，达到产果期调节的效果，让民众在夏季也可享用到优质莲雾。

白莲雾 又称"白壳仔莲雾""新市仔莲雾""翡翠莲雾"。色泽呈乳白色或清白色。果形小，为长倒圆锥形或长钟形。果肉呈乳白色，具有清香，略带酸味。果长约 5 厘米，果顶宽约 4.4 厘米，近果柄一端稍长。

蜜风铃 外形酷似单个风铃，略有苹果香气，味道清甜，清凉爽口，脆甜多汁，营养丰富。

黑珍珠 果皮颜色为紫红色，果肉质地香脆，比较硬，甜味浓，汁水多。果实成熟后透亮有光泽，就像珍珠一样，表皮有蜡感，果肉呈米白色，是优质品种。

水晶 果实为宝葫芦形，颜色呈粉红色，单果重 150~250 克。口感清爽，甜度高，水分多，在高温条件下色彩依然鲜艳。适合做成蜜饯食用。

斗笠 色泽为淡粉红色，外形呈倒三角，相对其他种品比较扁平，果长平均约 4.3 厘米，果顶宽约 4.7 厘米，纵径比横径短。内常含种子 1~2 粒，为中熟品种。

你知道吗？

莲雾含有蛋白质、膳食纤维、碳水化合物、B 族维生素、维生素 C、铁和锌等营养物质，能清除体内毒素和多余的水分，促进血液和水分新陈代谢，有利尿、消水肿的作用。

新鲜莲雾放保鲜袋中，在通风处可保存 2 天左右，也可以制成果干保存。

生长习性

莲雾粗生易长，适应性强，极易生存，对土壤要求不高。性喜温，惧寒，喜好湿润的肥沃土壤，栽培上要做好整枝修剪。

分布区域

■原产于马来西亚及印度。

■分布在我国广东、广西及台湾等地。

阳桃

又名杨桃、洋桃、五敛子。
酢浆草科阳桃属。

果皮淡绿色或蜡黄色，有时带暗红色

多年生乔木，树皮呈暗灰色，分枝甚多，花小，有微微的香气，数朵至多朵组成聚伞花序或圆锥花序，自叶腋出或着生于枝干上。花枝和花蕾为深红色，覆瓦状排列。花瓣略向背面弯卷，边缘色较淡，背面多呈淡紫红色，有时为粉红色或白色。种子为黑褐色。浆果多为长椭球形，颜色为淡绿色或蜡黄色，有时带暗红色，肉质鲜美，味微甜而涩；一般有5棱，很少有6棱或3棱，横切开来是五角星的形状。花期4～12月，果期7～12月。

果实横切面呈五角星形

你知道吗？

阳桃木材可用来制作小农具；果实可食用，可加工渍制成咸、甜蜜饯。

阳桃果实奇特，色泽美观，常用于园林美化及栽培观赏。

浆果卵形至长椭球形

营养档案

每100克阳桃中含：

能量	130千焦
碳水化合物	7.4克
膳食纤维	1.2克
钠	1.4毫克
镁	10毫克
磷	18毫克
钾	128毫克
钙	4毫克
维生素C	7毫克

🌱 小贴士

1. 阳桃含有丰富的碳水化合物、维生素C及有机酸，且果汁充沛，能迅速补充人体所需的水分。

2. 新鲜阳桃应尽快食用，保存时要避免阳光照射。

鉴别

马来西亚甜阳桃　果形正，果色鲜黄，果棱厚，果心小，肉质爽脆化渣，可食率高，汁多清甜，有蜜香味，品质极优。

红种甜阳桃　广东潮州市潮安区优良地方品种。果形正，果棱厚，果肉呈淡绿黄色，清甜多汁，果心中等，品质好。

水晶蜜阳桃　又叫"红阳桃"，原产于马来西亚，我国广东湛江栽培较多。果实较大，未成熟时果皮有明显的水晶状果点，成熟时果实呈金黄色，质地较硬，肉脆化渣，汁多，香甜可口，有蜜香，品质极优。

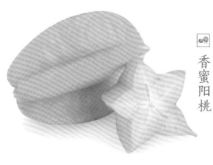

香蜜阳桃　原产于马来西亚，当地称"沙登仔肥阳桃"。我国海南有较大面积栽培。果实充分成熟时呈黄色，单果重150～300克，汁多，味清甜，化渣，纤维少，果心小，种子少或无籽，可食率88%～96%。

分布区域

■原产于马来西亚、印度尼西亚，现广泛种植于热带地区。

■在我国主要分布于广东、广西、福建、云南、台湾等地。

功能特效

阳桃味酸甘、性平，有生津止咳、下气和中等作用，具有多种保健功效。

阳桃可解内脏积热、清燥润肠、通大便，是肺、胃热者最适宜的清热果品。

阳桃还能保护肝脏，降低血糖、血脂、胆固醇，减少机体对脂肪的吸收，对高血压、动脉硬化等疾病有预防作用。

阳桃生津止渴，可消除咽喉炎症及口腔溃疡，防治风火牙痛。

此外，食用阳桃对疟原虫有杀灭作用。

生长习性

喜温，喜湿，喜光，耐阴。在霜冻寒害地区不能生长。

在年平均气温20～26℃、极端最低气温2～7℃、年降水量1 000～2 400毫米的中低海拔地区均能生长良好。

喜湿润肥沃土壤，在干燥瘠薄的土地也能生长，但落花多，果实小，长势较差。

香蕉

又名弓蕉、甘蕉、香芽蕉等。
芭蕉科芭蕉属。

果皮青绿色，熟时黄色

香蕉的营养价值很高，属于高热量的水果。其叶片为长圆形，穗状花序下垂，呈乳白色或浅紫色。果身弯曲，略为浅弓形，有短柄，果皮呈青绿色，最大的果丛有果360个之多。果肉松软，色泽金黄，味道香甜软糯，无种子，香味特浓，极为美味。香蕉含有丰富的5-羟色胺，这种物质能使人心情愉悦，故又被称为"快乐水果"。

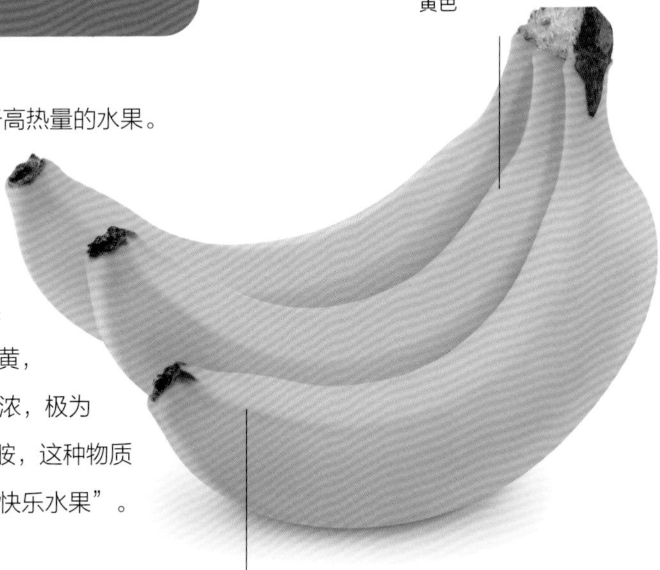

果实为长圆形，果棱明显

果肉松软，黄白色，味甜，无种子，香味特浓

营养档案

每 100 克香蕉中含：

能量	389 千焦
蛋白质	1.4 克
碳水化合物	22 克
膳食纤维	1.2 克
钠	0.8 毫克
镁	43 毫克
磷	28 毫克
钾	256 毫克
钙	7 毫克
维生素 C	8 毫克

植株丛生，一般为2米高

🌿 小贴士

在高温下催熟的香蕉，其果皮呈绿色带黄色。若在低温下催熟，果皮则由青变黄，并且生出梅花点。

鉴别

北蕉 是我国台湾最重要的香蕉品种，分布在台湾南部（高雄至屏东）和中部（台中）地区。果实形状略呈弓形。熟后果皮呈金黄色或淡黄色，细嫩香甜，风味品质极佳，尤其是3~6月果子最为优良。

李林蕉 又称"牛角蕉"或"树蕉"。果穗倾斜，不对称，果指细长而尖，呈"S"形，每串约6~9把果把。果直，果棱明显，催熟后果皮呈淡粉土黄色，近似粉蕉色泽。果皮薄，淡黄色，果肉细，味甜带酸，风味中等。

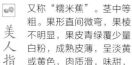

红皮蕉 由果皮颜色而得名，世界各蕉区均有种植。果房呈紫红色，果把数仅5~6把。果指略短而直，果实为淡绿色，果皮在催熟后呈鲜紫红色，熟果橙黄色有条纹，果皮薄，易裂，果肉黄白色带有酸味，香味甚浓。肉质较软，口感比较差。

美人指蕉 又称"糯米蕉"。茎中等粗。果形直间微弯，果棱不明显，果皮青绿覆少量白粉，成熟果皮薄，呈淡黄或黄色，肉质滑，味甜，具有微香。

生长习性

香蕉喜湿热气候，在土层深、土质疏松、排水良好的地里生长旺盛。香蕉对土壤的选择较严，通气不良、结构差的重黏土，排水不良都不利于其生长。

知识典故

宋代陆佃所著《埤雅》云："蕉不落叶，一叶舒则一叶蕉，故谓之蕉。"

分布区域

■分布在东、西、南半球南北纬度30°以内的热带、亚热带地区。

■世界主要生产基地在中美洲和西印度群岛的哥斯达黎加、洪都拉斯、危地马拉、巴拿马、多米尼加、牙买加，南美的巴西、哥伦比亚、厄瓜多尔，非洲的加那利群岛、埃塞俄比亚、喀麦隆、几内亚、尼日利亚，亚洲的印度、泰国、菲律宾等。

■在我国主要分布于福建、台湾、广东、广西、海南、云南等地。

你知道吗？

香蕉含多种微量元素和维生素，其中维生素A能促进生长，增强对疾病的抵抗力。此外，香蕉还具有补充能量、润肠通便、助睡眠等功效。

美味食谱

香蕉酸奶

备料：香蕉1~2根，酸奶200克。

1.将香蕉去皮后切成小段，放入料理机中，再倒入准备好的酸奶。

2.启动料理机搅打，直至浓稠的状态。

3.倒入杯中，加入喜欢的坚果，美味又营养的香蕉酸奶就完成了。

石榴

又名安石榴、丹若、若榴木等。
石榴科石榴属。

单叶对生或簇生，
矩圆形或倒卵形

石榴树干呈灰褐色，上有瘤状突起，旺树多刺，老树少刺。石榴花似火，有钟状花和筒状花，花瓣多达数十枚，花多红色，也有白色和黄、粉红、玛瑙等色，成熟后结成多籽粒硕大的浆果。浆果近球形，外种皮肉质，呈鲜红、淡红或白色；种子被肉质果肉包裹，味道酸甜可口，味美多汁。果实粒粒分明，呈亮红色，如玛瑙般晶莹剔透。

浆果近球形

花多为橙红色，也有黄色和白色

种子多数具肉质外种皮

营养档案

每 100 克石榴中含：

能量············· 264 千焦

蛋白质 ············· 1.4 克

碳水化合物 ······· 18.7 克

膳食纤维············· 4.8 克

钠 ·····················1 毫克

镁 ···················16 毫克

磷 ···················71 毫克

钾 ·················231 毫克

钙 ·····················9 毫克

维生素 C············9 毫克

维生素 E········4.91 毫克

分布区域

■原产于巴尔干半岛至伊朗及其邻近地区，全世界的温带和热带地区都有种植。

■我国南北方都有栽培，江苏、河南等地大面积种植。

■我国三江流域的察隅河两岸有大量野生古老石榴群落。

小贴士

1. 便秘患者、糖尿病患者不宜多食。

2. 将石榴对半切开，果实对着碗，用勺子轻轻敲果皮，可轻松取下石榴果肉。

鉴别

原产于陕西临潼，果实呈扁圆球形，看上去像一颗蛋被染了红色一般，皮比较厚，表面为深红或紫红，籽粒呈淡红色，汁多味甜。

天红蛋石榴

原产于云南呈贡，果实呈圆球形，籽粒为桃红白色，汁多，味道甜美，很少带有酸味，品质中上。

大红石榴

原产于云南巧家县，果实为球形，表皮红，籽粒大，暗红多汁，味甘美。外表呈不规则的圆形，看上去像扎着马尾的苹果。

红壳石榴

果实为圆球形，果皮表面比较粗糙，有不明显棱肋，底色呈淡绿黄，带红晕，籽粒稍小，果实深红色。

小红种石榴

云南建水县特产，果实为圆球形，果实的横切面为六角或四方形，果实熟时呈鲜红色，籽粒大，汁多肉厚，稍有酸味。适合洗净生食。

建水酸石榴

粤东特产，种子多，包藏于白色或淡红色的果囊内。果皮细薄，籽粒晶莹饱满，个头硕大，汁液丰富，味道醇美，享有"白糖石榴"的美誉。

白石榴

原产于安徽怀远县，果大，略呈圆球形，表面有棱肋，皮深红，果粒鲜红色，汁多味甜。外表看上去有些像浅色的洋葱，又有些像灯笼。

粉皮石榴

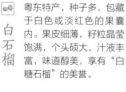

原产于江苏省，晚熟品种，果为略扁的圆球形，籽粒大，红色，多汁味甜，品质上乘，唯一的缺点是成熟后外皮比较厚。

大红种石榴

石榴盆景制作

石榴花花大色艳，花期长，果实色泽艳丽，因此既能赏花，又可食果。用石榴制作的盆景更是倍受爱花人士青睐。

品种选择

以观花为主，应选择花大、色艳、复瓣品种，如大花石榴。

以观果为主，则选果形美丽的红色品种，如泰山红石榴。

花盆选择

泥瓦盆排水透气好，有利于石榴生长，但不美观，易破损。

塑料盆、瓷釉盆外形美观，花样繁多，但透气排水性较差。

培养土要求

盆栽石榴的土壤要求疏松通气，保肥蓄水，营养丰富。

上盆定植

春季萌芽前，选择根系完整、须根多、树型好的苗木，向花盆中装入约占花盆2/3的土。根茎与土壤表面平持，将土压实，水浇透，置于半阴处，发芽前不要浇水。

番木瓜

又名木瓜、乳瓜、木梨等。
番木瓜科番木瓜属。

常绿小乔木。果实肉质，成熟时
为橙黄色或黄色，呈长椭圆形，
暗黄色果梗很短；果肉
柔软多汁，味香甜，汁
水多。种子多数呈卵球形，
成熟时为黑色，外种皮肉质，
内种皮木质，有皱纹。

种子多呈卵球形，
成熟时为黑色

外种皮肉质，内种
皮木质

果肉呈红棕色，中心
部分凹陷，呈棕黄色

叶大，聚生于茎顶
端，近盾形

花瓣为倒卵形，呈
淡粉红色或白色

营养档案

每 100 克番木瓜中含：

能量	121 千焦
碳水化合物	7 克
膳食纤维	0.8 克
钠	28 毫克
钙	17 毫克
维生素 C	43 毫克

热带、亚热带常
绿软木质小乔木

花单生于叶腋，
花梗短粗

分布区域

■世界范围内，在热带、亚热带地区均有分布。

■原产于墨西哥南部及美洲中部地区，现主要分布于东南亚，中南美洲，
西印度群岛，美国的佛罗里达、夏威夷，古巴以及澳大利亚均有分布。

■在中国，主要分布在福建、台湾、广东、广西等地。

 小贴士

番木瓜中含有多种酶、维生素、
矿物质和酸类物质，可增强机
体的抗病能力，预防感冒。

番木瓜

鉴别

穗中红　具有早结、丰产、优质等优点。果大、果实色泽艳丽、味清甜，是鲜食、菜用的优良品种。

红铃　果肉呈浅红色，品质好。两性果为长圆形，雌性果为椭圆形。成熟时果皮橙黄色、光滑，果肉呈浅红色，果皮韧，果肉紧实，较耐储运。

苏罗　原产于巴巴多斯，引至夏威夷而成为当地著名品种。价格较高，是国际市场的畅销品种。果小、单果重 500 克，两性花，果实呈梨形或长椭圆形。果肉厚，带香味。

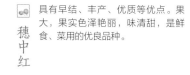

红妃　果实的形状有两种，雌性株的果实为长圆形和椭圆形，两性株的果实为长棒形。果皮光滑、美观，果肉厚，肉质细嫩，气味芳香，汁多味甜，品质优。

小果番木瓜　果实分长椭圆形及近圆形两种，果肉呈红色，肉质嫩滑清甜，果味浓。该品种较丰产、优质，是鲜果市场需求量较大的新品种。适宜制成菜肴食用，榨成果汁饮用。

香蜜红肉　杂交一代品种，果形为长形或圆形。果实外形光滑，熟时色深红，肉厚腔细，肉质嫩滑清甜，有独特的芳香味，品质特优。

穗黄　果实为长圆形。单果重 0.8~1.3 千克，果肉厚约 2.6 厘米，果肉呈深橙黄色，肉质嫩滑，味甜清香，品质佳，是果、蔬兼用的品种。

如何挑选番木瓜？

挑选番木瓜的时候，要轻按表皮，表皮很松的不要购买，应挑选果肉结实的。

马来西亚 10 号　果型小，单果重 500~800 克，果肉呈红色，味清甜，含大量维生素 A 和维生素 C，具有很高的经济效益。

你知道吗？

番木瓜可以有效补充人体的养分，增加人体抵抗力，消除有毒物质。番木瓜还具有美容养颜等作用。

神奇的木瓜蛋白酶

木瓜蛋白酶是嫩肉粉的主要成分，可以分解肉类中的蛋白质，让肉变软变嫩，在食品工业中被广泛应用。

古籍名医录

《食物本草》：主利气，散滞血，疗心痛，解热郁。

《岭南采药录》：果实汁液，用于驱虫剂及防腐剂。

《陆川本草》：治手足麻痹，远年烂脚。

《现代实用中药》：未熟果液，治胃消化不良，并为营养品，又为发奶剂。熟果，可利大小便，也可治红白痢疾。

黑醋栗

又名黑茶藨子、黑加仑、黑豆果、紫梅等。虎耳草科茶藨子属。

果实圆形，无毛　　　　　　　叶子深绿色，无毛

小枝呈灰褐色或灰紫色，表面平滑，皮不裂或稍裂；嫩芽呈长卵圆形或椭圆形；叶子基部呈心形，上面是深绿色，下面的颜色较浅；花序轴和花梗上有很短的柔毛，花两性，花序下垂或呈弧形；果实近圆形，少有椭圆形，直径 8~11 毫米，果实平滑没有毛。黑醋栗除可直接食用之外，还可以制成果酱和酿酒，也可以做饮料。

生长习性

喜光、耐寒、耐贫瘠。

小枝灰褐色，
表面平滑

花序轴和花梗有短毛

分布区域

■大多分布在我国新疆及东北地区。

你知道吗？

黑醋栗含有丰富的维生素、碳水化合物和有机酸等物质，经常食用可以补充人体所需要的维生素 C。

营养档案

每 100 克黑醋栗中含：

能量……………264 千焦

蛋白质……………1.4 克

脂肪………………0.4 克

碳水化合物……… 15.4 克

膳食纤维…………2.4 克

槟榔

又名宾门、大白槟、大腹子等。
棕榈科槟榔属。

果实果皮厚，呈长圆形或卵圆形，长3~5厘米

槟榔茎直立，乔木状，有明显的环状叶痕；叶簇生，两面无毛，呈狭长披针形，上部的羽片合生，顶端有不规则齿裂；果实为长圆形或卵圆形，长 3~5 厘米，颜色为橙黄色，中果皮厚，果皮纤维质，内含1粒种子；种子卵形，基部截平。

叶簇生，叶片呈狭长披针形，顶端有不规则齿裂

果皮纤维质，内含1粒种子

茎直立，有明显的环状叶痕

你知道吗？

槟榔是重要的中药材。在我国南方一些地区槟榔的果实被制成一种咀嚼食品，但要注意的是，槟榔是世界卫生组织国际癌症研究机构列出的致癌物清单上的一级致癌物。

营养档案

每 100 克槟榔中含：

能量··········· 1 419 千焦
蛋白质 ··········· 5.2 克
脂肪················ 10.2 克
碳水化合物 ········56.7 克
钙·················400 毫克
铁·················4.9 毫克

分布区域

■原产于马来西亚，主要分布于东南亚、亚洲热带地区，东非及欧洲部分区域。

■我国大多分布在福建、台湾、广东、广西、海南等地。

生长习性

槟榔生长于海拔 300 米以下的南坡、东南坡、谷地、河沟两边，适宜生长温度为25~28℃。

功能特效

传统医学认为，槟榔有杀虫、破积、降气行滞、行水化湿的功效，曾被用来治疗绦虫、钩虫、蛔虫、蛲虫、姜片虫等寄生虫感染疾病。

槟榔与乌药、人参、沉香组成的四磨汤主治七情气逆、上气喘急、妨闷不食。

东北茶藨子

又名山麻子、东北醋栗、狗葡萄等。
虎耳草科茶藨子属。

果实球形，直径7~9毫米，成熟时由绿转红，似小灯笼，无毛，味酸可食

　　小枝呈灰色或褐灰色，皮纵向或长条状剥落，嫩枝呈褐色；叶宽大，基部为心形，幼时两面有灰白色短柔毛，逐渐脱落；叶柄长4~7厘米，有短柔毛；花两性，呈卵圆形，花药近圆形，红色；果实呈球形，直径7~9毫米，红色，无毛；种子很多，形状为圆形。果肉除可直接食用之外，还可以用来制作果浆、果酒，种子还可以榨油。

生长习性

　　性喜阴凉而略有阳光之处，生于山坡或山谷针、阔叶混交林下或杂木林内。

叶柄长4~7厘米，有短柔毛

叶宽大，基部心形

小枝灰色或褐灰色，嫩枝褐色

营养档案

每 100 克东北茶藨子中含：

能量	222 千焦
蛋白质	7.6 毫克
脂肪	0.4 毫克
碳水化合物	58.2 毫克
钙	267 毫克
铁	34.9 毫克

你知道吗？

　　东北茶藨子果实具有药用价值：果实含有维生素 C 及果胶酶，可做水果食用，也可加工成保健食品；果实还可用来制作饮料及酿酒。

　　东北茶藨子也可用于绿化，具有较高的经济价值和生态价值。

花两性，呈卵圆形

分布区域

■世界范围内，分布于朝鲜北部和俄罗斯的西伯利亚地区。

■在我国，分布于黑龙江、吉林、辽宁、内蒙古、河北、山西、陕西、甘肃和河南等地。

椰枣

椰枣

又名海枣、波斯枣、番枣、伊拉克枣、枣椰子。棕榈科刺葵属。

叶长达6米，羽片线状披针形

　　椰枣是枣椰树的果实，果实呈长圆形或长圆椭圆形，形状似枣，成熟时为深橙黄色，果肉肥厚。椰枣含有丰富的果糖，容易被人体吸收和利用，还含有很多的维生素、蛋白质、矿物质等，是滋补佳品。

下部的叶下垂

树高达35米，呈乔木状

🌿 小贴士

椰枣含糖率高，营养丰富，既可作粮食，又是制糖、酿酒等的原料；种子可以榨油；枝条可以作燃料和制作工具。

果实呈长圆形或长圆状椭圆形，成熟时为深橙黄色

种子1颗，扁平，两端锐尖

生长习性

　　为常绿乔木，耐旱、耐碱、耐热。喜温暖湿润的环境，喜光又耐阴。

　　成龄树适应阳光充足的环境。

　　入温室越冬，最低温度不可低于10℃。

你知道吗？

　　椰枣（枣椰树）是世界上最古老的树种之一。

　　伊拉克是椰枣最古老的故乡，有5000多年的种植历史。

　　椰枣果可供食用，树身亦具有经济价值。

营养档案
每100克椰枣中含：
能量…………1 113 千焦
蛋白质…………2.5 克
碳水化合物……75.8 克
膳食纤维…………3.9 克
灰分…………1.5 克
镁…………60 毫克
磷…………58 毫克
钾…………550 毫克

分布区域

■原产于西亚和北非。

■在我国福建、广东、广西、云南等地有引种栽培。

人心果

又名吴风柿、赤铁果、奇果等。
山榄科铁线子属。

浆果呈褐色的纺锤形、卵形或球形，长 4 厘米以上，果肉呈黄褐色，种子扁平状。所含的硒和钙含量高居水果、蔬菜之首：硒能激活人体细胞、增强活力，钙能维持人体血钙平衡、预防由于缺钙而引起的骨质疏松。

果肉呈黄褐色

浆果为褐色，呈纺锤形、卵形或球形

营养档案

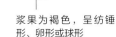

每 100 克人心果中含：

能量	347 千焦
脂肪	1.1 克
碳水化合物	20 克
膳食纤维	5.3 克
钠	12 毫克
镁	12 毫克
磷	12 毫克
钾	193 毫克
维生素 C	14.7 毫克

你知道吗？

人心果的营养价值很高，果实味甜可口。

人心果树干的乳汁为制造口香糖的原料。

人心果种仁含油率 20%。

人心果树皮含植物碱，可治热症。

树干灰褐色，有叶痕

叶子革质，呈长圆形或卵状椭圆形

分布区域

■原产于墨西哥的犹卡坦州以及中美洲地区。

■美洲的热带地区、印度和东南亚各国作商业性栽培。

■我国云南、广东、广西、海南和台湾等地均有栽培。

生长习性

喜高温多湿，不耐寒。

土壤以肥沃深厚的沙壤土为宜，排水、日照需良好。

适应性较强，在肥力较低的黏质土壤也能正常生长发育。

百香果

又名鸡蛋果、洋石榴、巴西果、紫果西番莲等。西番莲科西番莲属。

浆果为卵圆球形至近圆球形，成熟时逐渐呈现红色

成熟时表面绿色减退，逐渐呈现红色；种子很多，呈倒心形，长约 7 毫米。果子成熟后味道酸中带甜，含有丰富的蛋白质、脂肪、维生素、磷、钙、铁和钾等物质，经常食用对人体很有好处。

种子多，倒心形

茎上无毛，叶腋有卷须

花单生叶腋，花梗长4~4.5厘米

营养档案

每100克百香果中含：

能量·············352 千焦

碳水化合物·········9.5 克

磷 ···············67 毫克

钙 ···············10 毫克

钾 ··············348 毫克

维生素 C···········30 毫克

叶片为掌状，先端尖，边缘有锯齿

你知道吗？

百香果不宜密封保存，可冰箱冷藏保鲜或放置在通风干爽处。

生长习性

喜光，喜温暖至高温湿润的气候，不耐寒，对土壤的要求不严格。

美味食谱

百香果茶

备料：百香果、柠檬、蜂蜜各适量。

1. 将百香果对半切开，用勺子挖出果肉备用。

2. 将柠檬切片，去除籽防苦涩。

3. 准备好干净无水无油的容器，先铺一层蜂蜜，再铺一层柠檬片，往上再铺一层百香果果肉，最后一层放冰糖，若容器够大，可重复上面步骤。

4. 放进冰箱冷藏，约 3 天可见成品。

功能特效

除风、除湿、活血、止痛，主治感冒头痛、鼻塞流涕、风湿关节痛、痛经、神经痛、失眠、下痢、骨折。

分布区域

■在我国，分布于重庆、四川、云南、江西、福建、广东、广西、海南、台湾等地。

酸浆

又名红姑娘、挂金灯、灯笼草、洛神珠、泡泡草等。
茄科酸浆属。

果梗长2~3厘米

多年生草本酸浆的果实，果实为球状，呈橙红色，直径 10~15 毫米；果萼为卵状，颜色呈橙色或火红色，薄革质，顶端闭合；种子为肾形，呈淡黄色，长约 2 毫米。酸浆含有维生素、胡萝卜素、矿物质等人体所需的营养成分，营养非常丰富。将酸浆果实用线穿成串，挂在通风处，可以保存好几个月。

花冠为辐状，白色，裂片开展

浆果球状，橙红色

营养档案

每100克酸浆中含：

能量	239 千焦
蛋白质	1.8 克
脂肪	0.6 克
碳水化合物	8.9 克
膳食纤维	4.2 克
磷	39 毫克
钾	382 毫克
镁	23 毫克
钙	8 毫克
烟酸	1.5 毫克
维生素 C	46 毫克

分枝稀疏或不分枝，常被有柔毛

你知道吗？

酸浆具有清热、解毒、利尿、强心、抑菌等功能。主治热咳、咽痛、喑哑、急性扁桃体炎、小便不利和水肿等疾病。

分布区域

■广泛分布于欧亚大陆。

■我国分布在甘肃、陕西、黑龙江、河南、湖北、重庆、四川、贵州、云南等地。

菲油果

又名费约果、斐济果等。
桃金娘科野凤榴属。

菲油果树为多年生常绿小乔木。花单生，雄蕊和花柱为红色，顶端为黄色，可食用。果实椭圆形，全果可食用，果肉有颗粒感。除可作水果直接食用之外，菲油果还可以制作奶昔、冰激凌，且风味更佳。

种子较小，深埋于果肉中

果实为椭圆形，呈深绿色，有油脂光泽，背面有银灰色细茸毛

花单生，花瓣为倒卵形，紫红色，外侧有白色茸毛

营养档案

每100克菲油果中含：

能量……………180 千焦
蛋白质 …………0.98 克
脂肪………………0.6 克
碳水化合物 ………13 克
膳食纤维……………6 克
磷 ………………19 毫克
钾 ………………172 毫克
维生素 C…………30 毫克

你知道吗？

菲油果含有丰富的维生素 C、叶酸、植物纤维以及多种苷类和黄酮类物质，营养价值高，价格昂贵，因此被称为"水果中的中华鲟"。

分布区域

■原产于中南美洲的哥伦比亚、乌拉圭和阿根廷北部，盛产于新西兰。
■全球亚热带地区广泛种植。
■我国海南省有引进栽培。

生长习性

喜温暖、喜光，耐旱、耐碱，对土壤要求不严格。

梨果仙人掌

又名霸王树、火焰、神仙掌、印度无花果等。仙人掌科仙人掌属。

肉质灌木或小乔木，高1.5～5米。浆果呈倒卵状椭圆形，长5～9厘米，先端凹入，有红、紫、黄、白等色。

茎长圆形至匙形，厚而平坦，蓝粉色

营养档案

每100克梨果仙人掌中含：

能量	126 千焦
蛋白质	1.6 克
铁	2.7 毫克
维生素 A	220 微克
维生素 C	16 毫克

你知道吗？

梨果仙人掌含有大量的碳水化合物、蛋白质和纤维素。脂肪丰富，能维持体温、保护内脏。

生长习性

生长于海拔300～2 900米的干热河谷或石炭山地。喜强烈光照，耐炎热、干旱，耐贫瘠土壤。

果实呈倒卵状椭圆形，先端凹入，有红、紫、黄、白等色

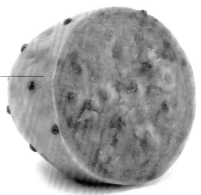

果实皮薄肉多，颜色鲜艳

分布区域

■分布于我国福建、广东、四川、云南等地。

山竹

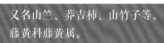

又名山竺、莽吉柿、山竹子等。
藤黄科藤黄属。

外果皮光滑无痕，木质，较厚

山竹的果实外果皮色素最初为绿色，上有红色条纹，接着整体变为红色，最后变为暗紫色。山竹富含蛋白质、碳水化合物、脂类、羟基柠檬酸和山酮素等物质，具有很好的抗氧化功效。

外果皮最初为绿色，有红色条纹，最后变为暗紫色

药用价值

部位	用途
树皮	小溃疡或鹅口疮的收敛剂
树叶	退热药
	伤口治疗的静脉滴注
	小溃疡或鹅口疮的收敛剂
种皮	治疗腹泻和痢疾
果皮、根	治疗痢疾
	治疗慢性肠黏膜炎
	呼吸紊乱的治疗
	皮肤感染的治疗
	抗炎药：倒捻子素
	抗菌药：倒捻子素
	中枢神经系统的镇静剂
	减轻腹泻
	收敛剂
	治疗月经不调

营养档案

每 100 克山竹中含：

能量…………… 280 千焦

碳水化合物 ……17.5 克

膳食纤维…………1.4 克

镁 ………………18 毫克

钾 ………………48 毫克

生长习性

对土壤的适应性广，黏土排水条件要求高，最好的种植区域是温暖、潮湿、无雨季的地区。

在外果皮的内层存在一些突起的脊

假种皮白色，由4~8瓣组成，楔形

分布区域

- 原产于马鲁古群岛，在非洲和亚洲热带地区广泛栽培。
- 世界范围内多分布于泰国、越南、马来西亚、印度尼西亚、菲律宾等国家。
- 我国台湾、福建、广东、云南等地有引种或试种。

小贴士

1. 孕妇、脾胃虚寒及糖尿病患者要尽量少食或不食用。

2. 将山竹放在干净的袋子里装好，然后置于冰箱可以存放5~10天。

3. 挑选山竹时应看其果蒂下叶瓣颜色是否新鲜，果壳是否柔软有弹性。

蒲桃

又名水蒲桃、香果、风鼓、铃铛果等。
桃金娘科蒲桃属。

蒲桃树为高约 10 米的乔木，主干极短。花呈白色，呈倒圆锥形；果实球形，果皮肉质，成熟时为黄色，有油腺点。果实除可鲜食外，还可以制成果膏、蜜饯。

果皮肉质，内有
种子1~2颗

果实呈球形，
成熟后为黄色

你知道吗？

蒲桃含有丰富的膳食纤维、蛋白质、碳水化合物和钙、铁、钠等矿物质。

叶片革质，呈披
针形或长圆形

营养档案

每 100 克蒲桃中含：

能量	159 千焦
碳水化合物	10.1 克
膳食纤维	1.1 克
镁	13 毫克
磷	14 毫克
钾	109 毫克
钙	4 毫克
维生素 C	25 毫克

生长习性

喜暖热气候，喜光，耐旱瘠和高温，对土壤要求不严，适应性强，以肥沃、深厚和湿润的土壤为最佳。多生长在河边及河谷湿地。

分布区域

■分布于中国、马来西亚、印度尼西亚等国家。

木奶果

又名白皮、野黄皮、山豆、木荔枝、大连果等。
叶下珠科木奶果属。

木奶果植株为常绿乔木，高5～15米，树皮
灰褐色；叶子两面无毛，倒卵状长圆形；圆锥花序
腋生或茎生，上有稀疏短柔毛；浆果状蒴果呈卵状
或近圆球状，黄色后变紫红色，不开裂，内有种子
1～3颗；种子扁椭圆形或近圆形。

你知道吗？

木奶果富含人体所需
的多种微量元素和维生素，
有止咳平喘的功效。

果实如李子般大
小，成熟时呈红
色或橙黄色

浆果呈卵形或
近圆球形

果肉酸甜可口

生长习性

喜光耐阴，抗逆性较强，是热
带雨林典型的中下层森林树种。在
一般土壤上均可生长，以土层深厚、
排水良好的微酸性土壤为宜。

分布区域

■世界范围内，分布于印度、缅甸、泰国、老挝、越南、柬埔寨、
马来西亚等国家。

■在我国，分布于广东、海南、广西、云南等地。

三叶木通

又名八月瓜、八月札、甜果木通等。
木通科木通属。

果实呈长圆形或椭圆形，成
熟时为紫色，腹缝开裂

果实自腹缝开裂，呈紫红色，
状似香蕉。三叶木通富含蛋白质、
脂肪及各种可溶性碳水化合物，
此外还含有钙、磷、铁、有机酸、
维生素 B_1、维生素 B_6 等多种营
养物质。

果孪生或单生，
长5~8厘米

种子呈卵状长圆形，略
扁平，着生于果肉中

花呈淡紫色，略有芳香

小叶纸质，呈倒卵形
或倒卵状椭圆形，先
端或圆或凹入

你知道吗？

三叶木通全株均可入药，
特别是果实，坚持食用对糖尿
病会有缓解作用。

生长习性

喜阴湿，较耐寒。
在微酸、多腐殖质的黄土
壤中生长良好。
常生长在低海拔山坡林下
的草丛中。

营养档案

每 100 克三叶木通中含：

能量	126 千焦
蛋白质	0.98 克
碳水化合物	13.6 克
有机酸	3.17 克
脂肪	0.13 克
维生素 C	84 毫克

分布区域

■世界范围内，分布于日本、朝鲜等国家。
■我国长江流域各地也有分布。

沙果

又名花红、柰子、文林果、林檎、五色来、联珠果等。
蔷薇科苹果属。

沙果在春季和夏季交接时开花，花蕾时呈红色，开花后褪色，果实在秋季成熟。果实为卵形或近球形；果皮光滑，底色淡黄，有鲜红条纹。

叶片呈卵形或椭圆形，
边缘有细锐锯齿

果皮底色淡黄，
有鲜红条纹

营养档案

每100克沙果中含：

能量	293 千焦
碳水化合物	17.8 克
膳食纤维	2 克
钠	2.1 毫克
镁	9 毫克
磷	14 毫克
钾	123 毫克
钙	5 毫克
铜	0.08 毫克
锌	0.2 毫克
维生素 C	3 毫克

你知道吗？

沙果酸甜可口，营养丰富，其中的有机酸、维生素含量非常丰富，食用沙果可以达到生津止渴的目的。

生长习性

喜光，耐寒，耐干旱，亦耐水湿及盐碱，适生范围广。
对土壤肥力要求不严格，在土壤排水良好的坡地生长尤佳。

花梗、花萼均有茸毛，
花蕾红色，开后色褪而
带红晕

分布区域

■主要分布在我国华北地区，西北、西南部分地区及辽宁、山东、河南、湖北等地。

佛手柑

又名佛手、九爪木、五指橘。
芸香科柑橘属。

为常绿小乔木或灌木。老枝灰绿色，幼枝略带紫红色，有短而硬的刺。单叶互生，叶柄短，叶片革质，长椭圆形或倒卵状长圆形。柑果卵形或长圆形，先端分裂似指尖或如拳状。种子卵形。花期 4 ~ 5 月，果熟期 10 ~ 12 月。

幼枝略带紫红色，有短而硬的刺

叶片革质，呈长椭圆形或倒卵状长圆形

果实表面为橙黄色，粗糙

柑果卵形或倒卵状长圆形

果实在成熟时各心皮分离，形成细长弯曲的果瓣，状如手指

营养档案

每 100 克佛手柑中含：

能量	67 千焦
蛋白质	1.2 克
碳水化合物	2.6 克
膳食纤维	1.2 克
钾	76 毫克
磷	18 毫克
钠	1 毫克
钙	17 毫克
镁	10 毫克
维生素 A	3 毫克
维生素 C	8 毫克

你知道吗？

佛手柑含有大量的水分、碳水化合物、粗纤维、柠檬油素等，有疏肝理气、和胃化痰的功效。

生长习性

喜温暖湿润、阳光充足的环境。
不耐严寒，怕冰霜及干旱。
耐阴，耐瘠，耐涝。

分布区域

■主要分布在我国广东的肇庆、高要、德庆、云浮、四会、郁南等地。

黑枣

黑枣

又名君迁子、野柿子、软枣、丁香枣、牛奶柿、西洋枣等。
柿科柿属。

果皮表面有白蜡层

为落叶乔木，树高可达 30 米。果实近圆形或椭圆形，成熟时呈蓝黑色，表面有白色蜡层，近无柄。黑枣有"天然维生素丸"之美称，含有葡萄糖、果糖、蔗糖、维生素 C、维生素 B_2、胡萝卜素、13 种氨基酸和 36 种微量元素等。

叶片呈椭圆形至长圆形

营养档案
每 100 克黑枣中含：
能量…………1 034 千焦
蛋白质…………3.7 克
碳水化合物……61.4 克
膳食纤维…………9.2 克
钙…………42 毫克
镁…………46 毫克
铁…………3.7 毫克
钾…………498 毫克
烟酸…………1.1 毫克
维生素 C…………6 毫克

你知道吗？

黑枣能补中益气，养胃健脾，养血壮神，润心肺，调营卫，生津液，悦颜色，通九窍，助十二经，解药毒，调和百药。

果实近圆形，熟时为蓝黑色

生长习性

喜光，耐半阴，耐寒及耐旱性较强，很耐湿。

分布区域

■分布在我国河北、山西、山东、陕西、辽宁等地。

红毛丹

又名韶子、毛龙眼、毛荔枝、红毛果、红毛胆。
无患子科韶子属。

小枝呈灰褐色，
嫩部有柔毛

树叶呈深绿色，
顶端钝或微圆

常绿乔木红毛丹的果实，果实成熟时外壳呈红色，有软刺，刺长约1厘米，果肉为白色，肉质细腻。成熟后的红毛丹果实并非都是红色的，也有黄色的果子。味道类似于荔枝，在我国只有海南岛大面积种植。

你知道吗？

红毛丹热量很高，可以为人体补充能量，还含有葡萄糖、蔗糖、维生素、氨基酸和多种矿物质。

营养档案

每100克红毛丹中含：

能量	331 千焦
蛋白质	1 克
脂肪	1.2 克
碳水化合物	17.5 克
膳食纤维	1.5 克

果肉为白色，
肉质细腻

果实呈圆形、长卵形或椭圆形，成熟时外壳呈红色，果实串生于果梗上

果皮有软刺，刺长约1厘米

生长习性

喜高温多湿的环境。
幼苗期不耐旱，忌强光。
以土层深厚、富含有机质、肥沃疏松、排水和通气良好的土壤为宜。

分布区域

■原产自东南亚，主要分布在我国海南的三亚、陵水、乐东等地区。

酸枣

又名山枣、野枣。
鼠李科枣属。

　　酸枣是枣的一个变种，多为野生，属灌木或小乔木，其枝、叶、花的形态与普通枣相近。与普通枣相比，其枝条节间较短，托刺较为发达，结果枝的托叶也呈刺状。果实偏小，成熟时呈红褐色，近圆形或长圆形；果皮呈红色或紫红色；果肉较薄，质地疏松，味酸甜。

小枝紫褐色，呈"之"字形弯曲

果实成熟时呈红褐色，为近圆形或长圆形

叶片呈椭圆形至卵状披针形，边缘有细锯齿

你知道吗？

　　酸枣口感酸甜适度，含有碳水化合物、膳食纤维、蛋白质以及钠、铁、锌、磷和硒等多种营养元素，对人体有益处。

果皮呈红色或紫红色

营养档案

每 100 克酸枣中含：

能量	1 256 千焦
蛋白质	3.5 克
脂肪	1.5 克
碳水化合物	73.3 克
膳食纤维	10.6 克
钠	3.8 毫克
镁	96 毫克
磷	95 毫克
钾	84 毫克
钙	435 毫克
维生素 C	900 毫克

生长习性

　　喜欢温暖干燥的环境。
　　耐碱、耐寒、耐旱、耐瘠薄，不耐涝，适应性强。

分布区域

■我国分布在辽宁、四川等地以及华北、华中、华东、西北部分地区。

鳄梨

又名牛油果、油梨、樟梨等。
樟科鳄梨属。

鳄梨为常绿乔木，树皮呈灰绿色，纵向有裂纹；叶子呈长椭圆形；花为淡绿色中带黄色；果为梨形、卵形或球形，颜色呈黄绿色或红棕色；外果皮为木栓质，中果皮为肉质，是可食部位。

果通常呈梨形，有时为卵形或球形，颜色呈黄绿色或红棕色，外果皮为木栓质，中果皮为肉质

叶为椭圆形、卵形或倒卵形，羽状脉

果核含脂肪油，有温和的香气

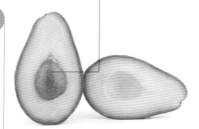

营养档案

每 100 克鳄梨中含：

能量	716 千焦
蛋白质	2 克
脂肪	15.3 克
碳水化合物	7.4 克
膳食纤维	2.1 克
钠	10 毫克
镁	39 毫克
磷	41 毫克
钾	599 毫克
钙	11 毫克

你知道吗？

鳄梨的营养价值与奶油相当，有"森林奶油"的美誉。其富含钾、叶酸以及丰富的维生素 B_6，也含有多种矿物质和食用植物纤维，同时是一种高能低糖水果。

生长习性

喜光，喜温暖湿润气候，不耐寒。

对土壤适应性较强。

分布区域

■我国福建、台湾、广东、云南、四川等地均有少量栽培。

波罗蜜

又名菠萝蜜、木菠萝、树菠萝、蜜冬瓜、牛
肚子果。
桑科波罗蜜属。

叶为革质

波罗蜜树高 10 ～ 20 米，树皮很厚，呈
黑褐色。花为雌雄同株，花丝在花蕾中直立。
果实表面有坚硬的六角形瘤状凸体和粗毛，
幼时为浅黄色，成熟时为黄褐色。

你知道吗？

波罗蜜含有碳水化合物、蛋
白质、维生素 B_1、维生素 B_2、维
生素 B_6、维生素 C、矿物质和脂
肪等成分，营养价值很高。

果实呈椭圆形至球
形，或不规则形状

营养档案

每 100 克波罗蜜中含：

能量·············· 440 千焦

蛋白质············ 1.47 克

脂肪················ 0.3 克

碳水化合物·······25.7 克

膳食纤维·········· 1.6 克

叶片呈螺旋状排列，
有椭圆形或倒卵形

核果呈长椭圆形，表
面有坚硬的六角形瘤
状凸体和粗毛，幼时
为浅黄色，成熟时为
黄褐色

生长习性

喜光，生长迅速，幼时稍耐阴。
喜深厚肥沃土壤，忌积水。

分布区域

■我国福建、广东、广西、海南、云南等地常有栽培。

罗汉果

又名拉汗果、假苦瓜、光果木鳖、金不换、
罗汉表。
葫芦科罗汉果属。

果实呈圆形或长圆形

　　为多年生藤本植物，雌雄异株，夏季
开花，秋季结果。叶片为膜质，呈卵形、
心形或三角状卵形等；果实呈圆形或长圆
形，纵径 6~11 厘米，横径 4~8 厘米。
罗汉果有很高的食疗价值，含有大量的果
糖、十多种人体必需氨基酸、脂肪酸、黄
酮类化合物、维生素等营养物质。

你知道吗?

　　罗汉果果肉糖分极高，保
存的时候需要独立密封包装，
并放置于阴凉、干燥、避光的
环境中。

营养档案

每 100 克罗汉果中含：

能量……………707 千焦

蛋白质…………13.4 克

碳水化合物………65.6 克

钠……………10.6 毫克

镁……………12 毫克

磷……………180 毫克

钾……………134 毫克

钙……………40 毫克

铁……………2.6 毫克

烟酸……………9.7 毫克

维生素 C…………5 毫克

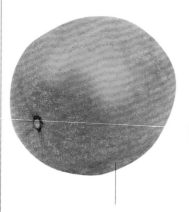

果实初生有黄褐色
的茸毛

果实顶端有花柱残痕

果实基部有果梗痕

生长习性

　　喜阴凉，不耐高温，忌
积水受涝。

　　以疏松肥沃、排水良好、
深厚且湿润的土壤为宜。

分布区域

■我国广西永福、龙胜、融安、临桂是罗汉果的三大产地，其中永福
县是罗汉果的原产地。

酸角

又名酸豆、通血图、木罕、曼姆、罗望子、甜目坎。
豆科酸豆属。

叶片呈长圆形，基部近圆形

　　酸角树树身高大，树干粗糙，枝头挂着一串串褐色的弯钩形荚果。果实呈灰褐色，肉质肥厚，呈圆筒形，直或微弯，熟时为红棕色，长 3~6 厘米，直径约 1.5 厘米；果皮坚硬且厚；红褐色种子近长方形。

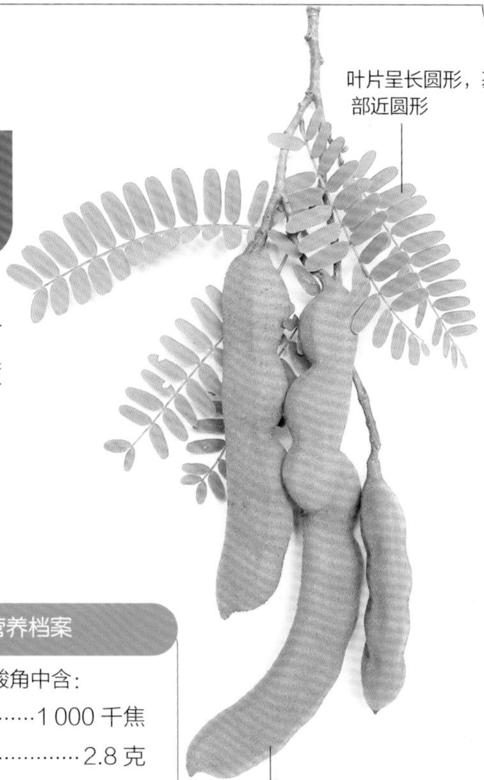

营养档案

每 100 克酸角中含：

能量	1 000 千焦
蛋白质	2.8 克
碳水化合物	57.4 克
膳食纤维	5.1 克

果实呈圆筒形，直或微弯，颜色为灰褐色，成熟时颜色为红棕色

花冠黄色，有紫红色条纹

生长习性

　　生长在气候温暖、降雨少、海拔不超过 1 500 米的旱坡地。

你知道吗？

　　酸角富含 18 种氨基酸，还含有维生素 B_1、维生素 B_2、维生素 C 和钙、磷、铁等矿物质，营养十分丰富。

种子近长方形，呈红褐色

分布区域

■分布于我国福建、广东、广西、四川、海南、台湾等地。

蛇皮果

又名沙叻。
棕榈科蛇皮果属。

果核上尖下圆，
呈瓣状

　　外壳坚硬但很薄，果肉非常美味，清甜爽口。蛇皮果中钾含量最高，有"记忆之果"的美誉。果胶含量也很丰富，对大脑十分有益，对长时间用脑人群特别适合。此外，蛇皮果还有美容益肤的功效。

果表皮红褐色，
很薄且硬

营养档案

每100克蛇皮果中含：

能量	209 千焦
蛋白质	0.6 克
脂肪	0.2 克
碳水化合物	11.5 克
膳食纤维	0.7 克
灰分	0.5 克
维生素 B_2	0.26 毫克
维生素 C	33 毫克

你知道吗？

　　蛇皮果属于凉性水果，孕妇要少吃或者不吃。蛇皮果所含的热量也比较高，咳嗽患者若其症状由虚热引起，要禁食。

果肉为白色，有时略
带黄色，肉质板实，
气味微带酸臭，入口
以甜味为主

生长习性

　　喜热带湿润气候，耐高温、高湿。

分布区域

■主要分布于印度、中南半岛至马来群岛等亚洲热带地区。
■在我国华南地区以及川渝的部分地区有栽培。

水果玉米

又名甜玉米或蔬菜玉米。
禾本科玉蜀黍属。

玉米粒多为黄色，
间或有红、紫等色

可以生吃的一种超甜玉米，属于鲜食玉米。处在乳熟期的水果玉米会产生大量糖分、淀粉和粗脂肪，含有多种维生素和氨基酸，其中 8 种氨基酸是人体必需的。水果玉米有营养丰富、口感鲜嫩、甜 爽多汁、甘脆渣少等优点，有着"水果之王"和"蔬菜之王"的美称。

生长习性

喜温暖环境，种子发芽的最适温度为 25~30℃，耗水量大。

🌱 小贴士

1. 以苞大、籽粒饱满、排列紧密、软硬适中、质糯无虫者为佳。

2. 鲜食水果玉米最佳采收期为 3~5 天。

3. 速冻过的水果玉米不可用微波炉加热。

你知道吗？

水果玉米含有丰富的亚油酸、维生素 B_2、维生素 E、叶黄素等成分，经常食用对人体有很大的益处。

分布区域

■在我国，分布于吉林、河北、河南、云南、新疆等地，以及两广和华东大部分地区。

贮存方式

水果玉米不宜长期鲜贮，采收后可将鲜玉米煮熟捞起凉透，用保鲜袋装好放入冰箱速冻，食用时拿出解冻后重新煮一下即可，在冷冻状态下可保存 6 个月。

特征鉴别

水果玉米从含糖量上分为普通型水果玉米、超甜型水果玉米、加强型超甜水果玉米三种。

从颜色上一般可以分为：黄色、白色、双色（黄白相间）三种。

营养档案

每 100 克水果玉米中含：

能量	440 千焦
蛋白质	3.1 克
脂肪	2.6 克
碳水化合物	17.5 克
膳食纤维	4 克
钠	1.1 毫克
镁	32 毫克
磷	117 毫克
钾	238 毫克
烟酸	1.8 毫克
维生素 C	16 毫克

番石榴

又名秋果、芭乐、鸡屎果等。
桃金娘科番石榴属。

　　耐旱喜光，对土壤要求不高，是一种适应性很强的热带果树。果皮颜色普遍为绿色、红色、黄色，果肉柔软，呈白色、淡红色及黄色，味道甘甜微涩，极为爽口。

叶片革质，呈长圆形至椭圆形，单叶对生，叶背有茸毛

果皮颜色普遍为绿色、红色、黄色

浆果呈圆形、卵圆形或梨形，平均单果重380克以上，最大的可达550克

种子小而坚硬，果肉呈白色及黄色

营养档案

每 100 克番石榴中含：

能量……………222 千焦

蛋白质……………1.1 克

脂肪……………0.4 克

碳水化合物……… 14.2 克

膳食纤维…………5.9 克

镁 …………………10 毫克

磷 ………………16 毫克

钾 ………………235 毫克

维生素 C…………68 毫克

分布区域

■原产于美洲热带地区，16 ~ 17 世纪传播至北美洲、大洋洲、太平洋诸岛，以及印度尼西亚、印度、马来西亚、越南等地。约 17 世纪末传入我国。

■在我国台湾、海南、广东、广西、福建、江西、云南等地均有栽培，常见野生种生于荒地或低丘陵上。

🌿小贴士

1. 番石榴可以生食，也可以煮熟食用，还可以制作成果酱、果冻、酸辣酱等各种酱料。

2. 高血压患者、糖尿病患者、肥胖症患者以及生长发育期儿童都适合食用。

3. 便秘患者、支气管炎患者要谨慎食用。

番
石
榴

新世纪番石榴

粗生粗长，当年种植当年挂果，每年开花、结果4次，果实丰满，由青绿色转淡绿色或微黄色时即成熟，是近年从台湾引入的优良番石榴新品种。果实呈长椭圆形，果形端正，果皮呈黄绿色，果肉厚，肉质脆，细嫩可口，种子较少，风味极佳。

红心番石榴

果实较白心番石榴圆且小些，成熟后果肉是红色的。外围肉质细脆，果心嫩滑，味甘甜，种子少而软，果香更加浓郁。适宜榨成果汁饮料。

黄沙罗番石榴

果实稍小，颜色呈淡黄色，味道微酸微甜，稍有草莓香气。

珍珠番石榴

原产于热带美洲，我国闽南地区常见于房前屋后。果实呈梨形，果皮黄绿色，果肉厚，果心籽小，味清甜，脆口。

草莓番石榴

为六倍体，供鲜食或加工果汁、果冻等，果实呈紫红色或黄色，适宜洗净后生食。

水晶无籽番石榴

果实呈扁圆形，果面有不规则隆起，肉质松脆，口感好，品质优。

红皮红肉番石榴

果实呈长椭圆形，单果重150克左右，肉质细嫩，香滑可口，种子少。

巴西番石榴

原产于南美洲和北美的墨西哥。别名几内亚番石榴、西印度番石榴、野生番石榴、卡斯蒂利亚番石榴、酸石榴，为四倍体，果小，丰产，品质较好，较耐寒。

番石榴含有维生素 A、B 族维生素和丰富的维生素 C，以及钙、磷、铁和钾等，经常食用对人体有益。

番石榴还富含膳食纤维、胡萝卜素、脂肪、果糖、蔗糖、氨基酸等营养成分。

药用价值

部位	用途
叶、果实	用于泄泻、痢疾
	小儿消化不良
	收敛止泻、止血
鲜叶（外用）	跌打损伤、外伤出血
	臁疮久不收口

生长习性

生长于荒地或低丘陵上，适宜热带气候，怕霜冻。

对土壤要求不严格，以排水良好的沙壤土、黏土栽培生长较好。

土壤 pH4.5 ～ 8.0 均能种植。

无花果

又名映日果、奶浆果、树地瓜、文仙果等。
桑科榕属。

落叶灌木或小乔木。无花果的食用部分
并不是无花果真正的"果实"，而是它的花
及花托。无花果的花托膨大形成一个肉质球
体，花和果实包含在这其中。"果实"成熟
时呈紫红色或黄色，味甜，可食。可作蜜饯，
又可作药用，也可供庭园观赏。因无花果开
花时，花是长在果子里面的，从外面无法看
到，故称之为无花果。

果实表皮有波状弯曲
的纵棱线

"果实"单生叶腋，顶
部下陷，呈扁圆形或卵
形，成熟时顶端开裂，
呈紫红色或黄色

叶片厚纸质，
呈广卵圆形

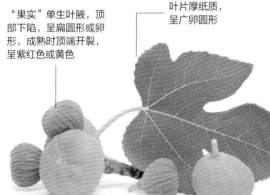

营养档案

每 100 克无花果中含：

能量	243 千焦
蛋白质	1.5 克
碳水化合物	13 克
膳食纤维	3 克
钾	212 毫克
钙	67 毫克
钠	5.5 毫克
镁	17 毫克
锌	1.42 毫克
磷	18 毫克
维生素 C	2 毫克

🌿小贴士

1. 腹泻患者不宜食用。

2. 将无花果和冰糖一起
蒸熟食用，可以缓解咽喉
肿痛。

树皮呈灰褐色，
皮孔明显

分布区域

■原产于西南亚的也门、沙特阿拉伯等地。主要分布于地中海沿岸，从土耳其至阿富汗均有栽培。

■唐朝时期从波斯传入我国，在我国南北方均有栽培，多见于新疆南部。

鉴别

青皮 夏、秋果兼用品种,以秋果为主。秋果呈倒圆锥形,单果重60~80克,最大达120克以上,成熟时为浅绿色,果顶不开裂,但果肩部有裂纹。果肉为紫红色,中空,风味极佳。

波姬红 为鲜食优良品种。夏、秋果兼用,但以秋果为主。果皮鲜艳,为条状褐红或紫红色,果柄短,果实呈长卵圆或长圆锥形,果肉微中空,为浅红或红色,汁多,味甜。

美利亚 为鲜食大果型无花果优良品种。夏、秋果兼用品种,以秋果为主。果皮为金黄色,薄而光亮;果卵圆或倒圆锥形,果目微开张;果实个大,果肉褐黄或浅黄,致密,微中空,汁多,味甜,风味佳。

蓬莱柿 为秋果专用品种,夏果极少。秋果为倒圆锥形或卵圆形,果顶圆而稍平且易开裂,果皮厚,呈紫红色。果肉为鲜红色,较甜,但肉质粗,无香气。

陶芬 果实呈长卵圆形。果皮为紫红色,果目较大,开裂。果点大,果实成熟期遇雨易裂口。果肉为红色,肉质稍粗。

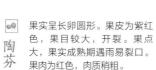

金傲芬 鲜食的最佳无花果优良品种,也是夏、秋果兼用品种,以秋果为主。果皮为金色,有光泽,果实个大。果肉淡,致密,味浓甜,鲜食极佳,品质极好。

新疆早黄 新疆南部阿图什特有的早熟无花果品种。夏、秋果兼用品种,秋果呈扁圆形,果熟时为黄色,果顶不开裂,果肉为草莓色,风味浓甜。该品种果中等大,为鲜食加工优良品种。

日本紫果 果皮熟前为绿色,熟后为紫褐色,果皮韧度大,果肉白色到琥珀色;果实呈圆形,果目处开裂。丰产,属于中晚熟品种。

圣女果

又名小番茄、樱桃番茄等。
茄科番茄属。

叶为奇数羽状复叶，
小叶多而细

一年生草本植物，原产自美洲安第斯山地带。果实以圆球形为主，颜色鲜艳，有红、黄、绿等果色。种子比普通番茄小，呈心形。圣女果味清甜微酸，无核，口感好，营养价值高且风味独特，可作菜肴也可当水果食用。

花冠呈辐状，
颜色为黄色

选购指南

挑选圣女果时，避免挑选有棱角的，也不要挑选分量轻的或颜色很红的，这些基本都是催红剂的作用。

要买表面有一层淡粉的那种，蒂的部位圆润、带着淡青色，这种的口感最沙最甜。

果实以圆球形为主，
有红、黄、绿等色

种子比普通番茄小，
呈心形

分布区域

■我国各地均有栽培。

圣女果

鉴别

果实大，单果重，果形呈椭圆形，果皮为紫红色，产量高，皮色较差的品质一般。适宜做蛋糕的装饰。

深红大枣番茄

果实呈圆形，颜色为绿色，果肉坚硬，不易裂果，果实含糖量高，酸甜适口，品质佳。适合洗净之后生食。

绿果樱桃番茄

椭圆形，果皮为黄色。果形相对较大，皮较厚，颜色鲜黄的品质相对较好。

黄圣女果

果形最小，为长椭圆形，产量高，品质最好。适合做果酱食用。

红圣女果

营养档案

每100克圣女果中含：

能量·················92千焦

蛋白质················1克

脂肪·················0.1克

多不饱和脂肪酸····0.1克

碳水化合物·········5.8克

膳食纤维············1.8克

你知道吗？

圣女果含有谷胱甘肽和茄红素等特殊物质，可促进人体的生长发育，特别是可以促进儿童的生长发育，并且可增强人体抵抗力、延缓衰老。

挑选圣女果时要选择颜色粉红、外形浑圆，表皮有白色小点点的为佳。

生长习性

圣女果属于喜温型果蔬，喜阳，缺少光照就会落花。

水分前期少后期多，可施用钾肥促进圣女果生长。

应栽种在土层深厚的土壤中。

美味食谱

圣女果沙拉

备料：圣水果、生菜、黄瓜、虾仁、低脂沙拉酱各适量。

1.将圣女果对半切好，生菜切段，黄瓜切片。

2.虾仁过水煮熟去壳备用。

3.将所有备好的材料放进碗中，放适量的低脂沙拉酱拌匀，一份美味又健康的沙拉就完成了。

番荔枝

又名释迦、佛头果、亚大果子、洋波罗等。
番荔枝科番荔枝属。

番荔枝树为落叶小乔木，假种皮为其食用部分，颜色呈乳白色。种子呈黑褐色或深褐色，表面光滑，呈纺锤形、椭圆形或长卵形。番荔枝外部无毛，为黄绿色，外面被白色粉霜。因外形酷似荔枝，故又名"番荔枝"，为热带地区著名水果。花期5～6月，果期6～11月。

叶片呈椭圆状披针形，叶背灰绿色，幼时有茸毛

果实呈圆锥形或球形

种子呈纺锤形、椭圆形或长卵形，颜色为黑褐色或深褐色，表面光滑

分布区域

■原产于美洲热带地区，在全球热带地区均有分布。

■我国浙江、台湾、福建、广东、广西、海南、云南等地均有栽培。

鉴别

牛心番荔枝

果实由多数成熟心皮连合成肉质聚合浆果，呈球形，平滑无毛，有网状纹，熟时呈暗黄色。能有效延缓肌肤衰老。

刺果番荔枝

果实为番荔枝类中最大的，果皮薄，呈暗绿色。果肉为乳白色，微酸，可以用来制作果露、冰激凌、混合果汁。能有效地促进消化。

圆滑番荔枝

聚合果呈心形，果皮近平滑，熟果为黄绿色，可食用、制果汁。适宜酿酒。

南美番荔枝

又名"秘鲁番荔枝"，能耐较长时间的低温，故又称"冷子番荔枝"。果实结构与普通番荔枝相似。果肉为乳白色，冰激凌状，嫩滑，甜中带酸，风味可口。

营养档案

每 100 克番荔枝中含：

能量	314 千焦
蛋白质	1.6 克
脂肪	0.7 克
饱和脂肪酸	0.2 克
多不饱和脂肪酸	0.1 克
单不饱和脂肪酸	0.2 克
碳水化合物	17.7 克
膳食纤维	3 克

你知道吗？

番荔枝含有丰富的维生素C，属于抗氧化类水果，常食可以起到护肤的作用，它的膳食纤维含量很高，可以帮助排便。

挑选番荔枝时应选外形端正、颗粒饱满、鳞片大而平的。

生长习性

喜光耐阴，光照充足时植株生长健壮，叶片肥厚。

在果实发育阶段增加光照，果实的品质会得到提升。

🌱 小贴士

番荔枝除可以作热带果树种植外，还适宜在园林绿地中栽植观赏。它外形美观，深受好评。

凤梨

又名菠萝、旺梨。
凤梨科凤梨属。

叶呈剑形，顶端渐尖，腹面为绿色，背面粉绿，边缘和顶端常带褐红色，叶片呈莲座式排列

果实呈圆筒形或圆锥形

属于热带水果，新加坡、马来西亚一带称之为凤梨，我国福建和台湾等地称之为旺梨或者旺来，我国其他地区则常称其为菠萝。凤梨在我国有70多个品种，是岭南四大名果之一。聚花果肉质，其可食用部分由肉质增大的花序轴呈螺旋状排列于外周的花组成，果肉为黄至深黄色，肉质脆嫩。

果皮有很多果眼，坚硬刺手

果肉为黄至深黄色

分布区域

■ 原产于巴西、巴拉圭、阿根廷一带的干燥山地地区，公元 1600 年以前传至中美洲和南美洲北部，后迅速传入世界各热带和亚热带地区。

■ 全世界有 60 多个国家和地区栽培凤梨，以美国、巴西、墨西哥、泰国、菲律宾和马来西亚等国家栽培较多。

■ 16 世纪末至 17 世纪，凤梨传入我国南方各地区。我国的凤梨栽培已有 400 多年的历史，在福建、广东、广西、海南、台湾等地大量栽培，在云南和贵州南部有少量栽培。

🌱小贴士

1. 将凤梨果肉切成块，在淡盐水中浸渍后再食用更加美味。

2. 湿疹、疥疮患者不宜食用，牙周炎、骨溃疡、口腔黏膜溃疡患者要谨慎食用。

凤梨

鉴别

蜜宝 果实呈圆筒形，果皮黄略带暗灰色。皮薄，芽眼浅。肉色为黄色或金色，质致密细嫩，风味佳，4~10月生产。

糖霜 果肉为乳白色，子房空隙小，纤维细，质软稍脆，汁多，酸度低。4月下旬至6月中旬品质最佳。

牛奶 果实呈大圆筒形，颜色为灰黑色，成熟时果皮暗，质松软，风味佳。果肉为白色，有特殊香味，适于7~8月生产。适宜用来烹食做菜。

西班牙类 果中等大小，中央凸起或凹陷；果眼深，果肉为橙黄色，香味浓。适宜榨成果汁饮用。

金桂花 果实呈圆锥形，果皮薄，芽眼浅，果肉为黄色、质致密、纤维粗细中级，有桂花香味。

香水 果大，呈长圆筒形。果眼中等大小，且较平浅。果熟后呈金黄色。果肉黄色，肉质爽脆，清甜多汁，甜酸适中，有特殊香水味，入口化渣。

杂交种 是通过有性杂交等手段培育杂交种育的良种。果形不是很规整，单果重1 200~1 500克。果肉呈黄色，质爽脆，纤维少，清甜可口，既可鲜食，也可加工成罐头。适宜洗净后鲜食。

都乐金凤梨 表皮不太粗糙，果实呈倒圆锥形，肉质比普通凤梨细腻得多，可像西瓜一样切开吃，水分充足。果形美观，汁多味甜，有特殊香味，是深受人们喜爱的水果之一。

你知道吗？

凤梨含有大量的果糖、葡萄糖、B族维生素、维生素C、柠檬酸和蛋白酶等物质，对人体很有益处。

营养档案
每100克凤梨中含：
能量⋯⋯⋯⋯⋯⋯176千焦
蛋白质⋯⋯⋯⋯⋯⋯0.4克
脂肪⋯⋯⋯⋯⋯⋯⋯0.3克
碳水化合物⋯⋯⋯⋯9克
膳食纤维⋯⋯⋯⋯⋯0.4克

生长习性

具有较强的耐阴性，忌直射光。

以疏松、排水良好、富含有机质沙壤土或山地红土为宜。

榴梿

又名榴莲、韶子、麝香猫果。
锦葵科榴梿属。

原产于东南亚一带，是著名热带水果之一。果实为卵圆球形，外面是木质状硬壳。果实有足球大小，果皮坚实，有很多三角形的刺；果肉呈淡黄色，黏性多汁。是典型的闻着臭、吃着香的水果，有"万果之王""水果皇后"的称号。

果实足球大小，密生有三角形的刺

果实为卵圆球形，外壳木质

果肉淡黄，黏性多汁

营养档案

每 100 克榴梿中含：

能量	557 千焦
蛋白质	2.3 克
脂肪	3.3 克
脂肪酸	3 克
饱和脂肪酸	1.2 克
多不饱和脂肪酸	0.3 克
单不饱和脂肪酸	1.2 克
碳水化合物	27.1 克
膳食纤维	2.1 克
磷	36 毫克
钾	261 毫克

小贴士

1. 如果榴梿闻着有一股酒精的味道，说明已经变质，不宜食用。

2. 喝过酒的人、肥胖患者不宜吃榴梿。

生长习性

生长所在地日平均温度在 22℃以上。

分布区域

■ 原产地为文莱、印度尼西亚、马来西亚，也有人认为是菲律宾。

■ 东南亚等国种植较多，其主要分布在泰国、马来西亚、印度尼西亚等地，以泰国最多。

■ 柬埔寨、老挝、越南、缅甸、印度、斯里兰卡、新加坡、巴布亚新几内亚，西印度群岛、波利尼西亚群岛，美国的佛罗里达州、夏威夷、马达加斯加以及澳大利亚北部也多有种植。

■ 我国广东、海南多有种植。

榴梿

鉴别

坤宝

拥有非常漂亮的鲜橙色泽，香气浓郁，而且带有一点点苦甜的味道，曾获"榴梿之王"的美誉。

青尼

因叶子小、个头小、肉多、核小而较受欢迎，果肉以深黄色为佳。个体较均匀，口感香甜。

猫山王

颜色浓厚，以橙黄为主，色泽均匀、艳丽，十分诱人。口感丰富。

谷夜套

肉特别细腻，甜如蜜、核尖小，为"食家"所欢迎且评价最高的一种榴梿。

葫芦

外形略似葫芦，非常香甜、黏口，回味无穷。

金枕头

是目前最受欢迎的一种榴梿，肉多且甜，果肉呈金黄色。肚脐凸出来是金枕头榴梿区别于其他榴梿的最显著特征。

甲必利

果肉呈乳白色，风味极佳，甜中带有些许苦，有些黏喉。此榴梿呈圆球形，是小巧玲珑的果王。

托曼尼

此品种柄长且圆，整颗榴梿也以圆球形为主，果肉、果核也呈圆球状榴皮为青绿色，刺多而密，果核大。

你知道吗？

榴梿营养价值很高，经常食用可以强身健体。榴梿中富含蛋白质、碳水化合物、膳食纤维、胡萝卜素、维生素 B_2、维生素 C 和多种矿物质。

挑选的时候要尽量避开长相不好的，选择长端端正均匀、凸起得多的，最好挑选外壳有裂口的。

知识典故

相传明朝郑和出海下西洋，船员们思乡心切，有一次，郑和发现一种奇异的果子，带给大伙品尝。船员吃后赞不绝口，便问这种果子叫什么名字，郑和为寄托思乡之情，随口便答"流连"，取对祖国"流连忘返"之意，流连与榴梿同音，后来人们就将它称为"榴梿"。

功能特效

《本草纲目》中记载，"韶子（榴梿）可供药用，味甘温，无毒，主治暴痢和心腹冷气"。

对精血亏虚导致的须发早白、衰老、风热、黄疸、疥癣、皮肤瘙痒等症有预防作用。

苹果

又名奈子、平安果、智慧果、记忆果、林檎。
蔷薇科苹果属。

苹果树为落叶乔木，原产于欧洲和亚洲中部，在我国可以追溯到西汉时期。果实为仁果，颜色及大小因品种而异，熟时呈深红色，或因品种不同而呈黄、绿等色。每果有 5 个心室，每心室有 2 粒种子。果肉香脆，味道酸甜可口。苹果营养价值高，营养成分可溶性大，容易被人体吸收，使皮肤润滑柔嫩，故有"活水"之称。

叶片呈椭圆形到卵形，有圆钝锯齿，幼时两面有毛，后表面光滑，暗绿色

每果有 5 个心室，每心室有 2 粒种子

营养档案

每 100 克苹果中含：

能量	226 千焦
碳水化合物	13.5 克
膳食纤维	1.2 克
钾	119 毫克
钙	4 毫克
钠	1.6 毫克
镁	4 毫克
磷	12 毫克
维生素 C	4 毫克

果实圆形，略扁，两端均凹陷，初时呈黄绿色，熟时呈深红、黄、绿等色

花白色带红晕，花梗与花萼有灰白色茸毛

幼枝有茸毛，呈紫褐色

🌱 小贴士

1. 苹果热量较低且营养均衡，特别适合减肥人群。

2. 白细胞减少症患者不宜生食苹果。

3. 苹果最好不要与胡萝卜同食，因为可能诱发甲状腺肿大。

分布区域

■分布在中国、韩国、日本、美国、澳大利亚等国家。

苹
果

鉴别

辽伏

果实呈短圆锥形或扁圆形，底色为黄绿色，阳面略有淡红条纹，果面光滑，果肉为乳白色，肉质细脆，汁多，风味淡甜，稍有香气。

荷兰优系大红嘎拉

从荷兰引进品种。果形大，果实呈长圆柱形，果个整齐，果面光滑亮泽。皮薄，果肉为乳黄色，肉质松脆，汁液多，甘甜爽口，香气浓郁独特，品质上等。适合用来加工成果干。

印度青苹果

成熟果实较大，果面不平，有不明显的棱起，稍粗糙，光泽少，全面呈浅绿色，微黄，阳面微现紫红晕或红霞。果点多而大，呈圆形或不规则形，颜色为锈褐色，周边有青白色晕。

杰西麦克苹果

果实中大，大小整齐，呈扁圆形至近圆形，底色黄绿，全面被有鲜红色晕，有不明显断续条纹，外观好。果面平滑有光泽。果点小，较密。果皮薄，果肉为黄白色，肉质松脆，风味酸甜，口味较浓，微有香气，品质中上等。

秦冠

果为短圆锥形，底色黄绿，阳面有暗红晕及断续红条纹，在西北海拔较高的地区充分成熟时可以达到全面暗红色，在海拔低的平原地区则难以着色。果肉呈乳白色，肉质脆，稍致密，汁液较多，风味酸甜。

你知道吗？

苹果是低热量水果，且果实的营养物质可溶，很容易被吸收和利用，更含有铜、碘、锰、锌、钾等，可补充人体所需的营养元素。

苹果应放在干燥、低温的通风处保存。

澳洲青苹

原产于澳大利亚，果皮光滑，翠绿色。口感脆硬，果实大，呈扁圆形或近圆形。果肉为绿白色，肉质较粗，松脆，果汁多，味酸，甜少。

红将军

从日本引进的早熟红富士的浓红型芽变，是非常优质的中熟品种。外形与我国传统的红富士极为相似。果肉呈黄白色，甜脆爽口，香气馥郁，皮薄多汁。适宜榨成果汁饮用。

古籍名医录

《滇南本草图说》："治脾虚火盛，补中益气。同酒食治筋骨疼痛。搽疮红晕可散。"

李时珍曰："林檎，即柰之小而圆者，其类有金林檎、红林檎、水林檎、蜜林檎、黑林檎，皆以色味立名。"

《食性本草》中记载："林檎有三种，大长者为柰，圆者林檎，小者味涩为楑。"

乔纳金

果实为圆锥形，果面光滑有光泽，蜡质多，果点小，不明显。果肉为乳黄色，肉质松脆，中粗汁多，风味酸甜，稍有香气。适合做成沙拉食用。

国光

个头中等，果实为扁圆形，大小整齐，底色黄绿，果粉多。果肉为白或淡黄色，肉质脆，汁多，味酸甜。结果晚，果实较小，果实着色欠佳。经过贮存后才酸甜适度，但有裂果现象。

生长习性

喜光，喜微酸性和中性土壤。

最适于土层深厚、富含有机质、心土通气排水良好的沙壤土。繁殖栽培用嫁接方式。

梨

又名快果、玉乳、果宗、蜜父等。
蔷薇科梨属。

梨树为落叶乔木或灌木，极少数品种为常绿，叶片多呈卵形，花为白色，或略带黄色、粉红色，有五瓣。果实多呈卵形或近圆形，果肉为黄白色，有的可见其子房室，种子灰褐色。梨的果实营养丰富，味美汁多，甜中带酸，含有多种维生素和膳食纤维，不同种类的梨味道和质感都完全不同。

叶片卵形或椭圆形，先端渐尖或急尖

小枝粗壮，幼时有柔毛，二年生的枝紫褐色

伞形总状花序，花瓣呈卵形

果实基部具有肥厚的果柄，表面有细密斑点

果实多呈卵形或近圆形

营养档案

每 100 克梨中含：

能量·················209 千焦

蛋白质·············0.4 克

脂肪·················0.2 克

碳水化合物·······13.3 克

膳食纤维············3.1 克

🌱小贴士

1. 梨既可生食，也可蒸煮后食用。

2. 因梨中含有较多的果酸，所以胃酸患者不宜多食。

3. 把梨去核，放入冰糖，蒸煮过后食用还可止咳。

4. 除了作为水果食用以外，梨树还可以作观赏之用。

分布区域

■在我国，分布于辽宁、河北等地，以及华东、华南部分地区。

鉴别

西洋梨

又称"秋洋梨""葫芦梨"。果实呈倒卵形，颜色为绿色、黄色，表皮稀带红晕，有斑点。是梨中最甜的品种。

沙梨

又称"金珠果"。花为白色，果实呈圆锥形或扁圆形，赤褐色或青白色。

圆黄梨

该品种果实大，平均果重250克左右，最大果重可达800克。果形扁圆，果面光滑平整，果点小而稀，无水锈、黑斑。成熟后呈金黄色，不套袋果呈暗红色。果肉为透明的纯白色，肉质细腻多汁，酥甜可口并有奇特的香味，品质极上。

香水梨

是秋子梨的一个品种，又名"香水""老香水""老梨""软儿梨""消梨"。果实呈圆形。刚摘下时味酸质硬，储藏后肉质变软，味香甜。

绿宝石梨

果实呈圆形或扁圆形，果形整齐，略偏斜。果皮青绿，较美观。果肉为黄白色，肉质细致多汁，石细胞团少。味极甜，品质佳。

香梨

其特点是香味浓郁、皮薄、肉细、汁多、甜酥，是梨之上品。香梨以库尔勒香梨产量大、质量好。香梨在国际市场上被誉为"中华蜜梨""梨中珍品""果中王子"等。

贡梨

清时，乾隆皇帝下圣旨，封砀山梨为贡品，故称"贡梨"。其果实Ф亮，黄亮美观。皮薄多汁、味浓甜甘甜，生吃可清六腑之热，熟吃可滋五脏之阴。适合榨成果汁饮用。

晚秋黄梨

果形扁圆硕大，不但醇香宜人、甜酸适口，而且含有丰富的蛋白质和脂肪。个大，味浓，水分多，果形整齐均匀，果实脆，耐贮存。色泽鲜亮。适宜制成甜品食用。

你知道吗？

梨富含蛋白质、脂肪、碳水化合物及多种维生素，经常食用还能达到润肺的目的。此外，梨还可以治便秘，利消化，对心血管也有好处。

美味食谱

冰糖炖雪梨

1.准备雪梨1个，冰糖20克，枸杞几粒，红枣适量，新鲜橘皮一小片。

2.将雪梨切成块，加冰糖、橘皮、枸杞、去核红枣一起放入盅中倒入矿泉水。

3.大火烧开后，改小火慢炖，约1小时，清肺止咳的冰糖雪梨就炖好了。

生长习性

耐寒、耐旱、耐涝、耐盐碱。喜光喜温。

宜选择土层深厚、排水良好的缓坡山地种植。

山楂

又名山里果、酸里红、山里红果、赤爪实、红果、胭脂果等。
蔷薇科山楂属。

果实呈球形，熟后颜色为深红色，表面具有淡色小斑点

果实表面有细密皱纹，顶端凹陷

山楂树属落叶乔木，枝有长刺，有时无刺，冬芽呈三角卵形，无毛，颜色为紫色。叶片呈宽卵形或三角状卵形，托叶草质，边缘有锯齿。萼片脱落很迟，先端留一圆形深洼。果实近球形或梨形，熟后为深红色，具有淡色小斑点，果实表面有细密皱纹，味道酸中带甜。花期 5 ~ 6 月，果期 9 ~ 10 月。

花白色，后期变粉红色

叶片呈宽卵形或三角状卵形，边缘有不规则重锯齿

营养档案

每 100 克山楂中含：

能量	398 千焦
蛋白质	0.5 克
碳水化合物	25.1 克
硫胺素	0.02 毫克
钙	52 毫克
镁	19 毫克
铁	0.9 毫克
钠	5.4 毫克
钾	299 毫克
磷	24 毫克
烟酸	0.4 毫克

复伞房花序，花序梗、花柄都有长柔毛

你知道吗？

山楂含有山楂酸、柠檬酸、脂肪酸、维生素 C、黄酮、碳水化合物等营养物质，具有扩张血管、改善微循环等作用。

山楂除了鲜食之外，还可以制成果干以泡水、泡酒食用。

山楂味酸，有开胃的效果，所含的黄酮类化合物牡荆素具有保健作用。

分布区域

■我国山东、河南、陕西等地，以及华北、东北地区均有种植。
■在朝鲜和俄罗斯西伯利亚地区也有分布。

鉴别

泽州红 中国山楂之精品，味酸中带甜，个大，被称为"山楂王"。泽州红山楂长在山岭纵横、沟壑交错的土石山区，通风透光条件好，有得天独厚的自然条件。

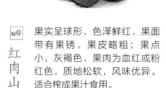

敞口 果实略扁平，果皮为大红色，有蜡光。果点小而密。梗洼中深而广。果顶宽平，有五棱。萼筒呈倒圆锥形，深陷，筒口宽敞，故称"敞口"。果肉为白色，有青筋，少数为浅粉红色，肉质糯硬，味酸甜，清酸爽口。

粉口 果实呈球形，阳面呈朱红色，阴面呈红色，果实表面有光泽，果肉为紫色或粉色，是山楂加工的优良品种。适合制成罐头食用。

红肉山楂 果实呈球形，色泽鲜红，果面带有果锈，果皮略粗；果点小，灰褐色，果肉为血红或粉红色，质地松软，风味优异。适合榨成果汁食用。

歪把红 其果柄处略有凸起，看起来像是果柄歪斜，故而得名歪把红。2001年起市场上的冰糖葫芦主要用它作为原料。

湖北山楂 果实近球形，深红色，有斑点。萼片宿存，反折。小核5枚，两侧平滑。适宜制成糕点食用。

云南山楂 果实呈扁球形。黄色或带红晕，有稀疏褐色斑点。内面两侧平滑，无凹痕。适合鲜食或制成饮品。

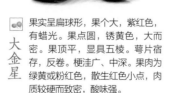

大金星 果实呈扁球形，果个大，紫红色，有蜡光。果点圆，锈黄色，大而密。果顶平，显具五棱。萼片宿存，反卷。梗洼广、中深。果肉为绿黄或粉红色，散生红色小点，肉质较硬而致密，酸味强。

🍃 小贴士

1.山楂不宜与猪肝、海产品同食。

2.换牙期的儿童不宜多食山楂，以免损伤牙齿。

3.孕期妇女不宜多食山楂。

古籍名医录

陶弘景："煮汁洗漆疮。"

《本草撮要》："冻疮涂之。"

《食鉴本草》："化血块，气块，活血。"

《本草经》："治痢疾及腰疼。"

《日用本草》："化食积，行结气，健胃宽膈，消血痞气块。"

《滇南本草》："消肉积滞，下气；治吞酸，积块。"

《本草蒙筌》："行结气，疗颓疝。"

《纲目》："化饮食，消肉积，癥瘕，痰饮痞满吞酸，滞血痛胀。"

《本草再新》："治脾虚湿热，消食磨积，利大小便。"

《唐本草》："汁服主利，洗头及身上疮痒。"

生长习性

稍耐阴，耐寒，耐干燥，耐贫瘠。

在排水良好、湿润的微酸性沙壤土中生长最好。

枇杷

> 又名芦橘、金丸、芦枝、琵琶果。
> 蔷薇科枇杷属。

叶片革质，披针形、长倒卵形或长椭圆形

枇杷树是美丽的观赏性树木和果树。喜光，喜欢温暖的气候，果实初长时大如弹丸，果子内有五个子房，种子呈圆形或扁圆形，果肉香甜多汁，风味鲜美，接近果核的地方微酸。初夏成熟，正值鲜果淡季，因此颇受欢迎。

饮食禁忌

枇杷含有非常丰富的果糖且易被人体吸收，所以糖尿病患者不宜食用。

胃寒患者不宜多食枇杷。

果实近圆形或长圆形，黄色或橘黄色

营养档案
每 100 克枇杷中含：
能量⋯⋯⋯⋯⋯163 千焦
蛋白质 ⋯⋯⋯⋯⋯0.8 克
脂肪⋯⋯⋯⋯⋯⋯0.2 克
碳水化合物 ⋯⋯⋯8.5 克
膳食纤维⋯⋯⋯⋯0.8 克
镁 ⋯⋯⋯⋯⋯⋯⋯10 毫克
钾 ⋯⋯⋯⋯⋯⋯122 毫克
钙 ⋯⋯⋯⋯⋯⋯⋯17 毫克
维生素 C⋯⋯⋯⋯8 毫克

果肉呈白色或橙色

种子呈圆形或扁圆形，褐色

🌿 **小贴士**

1. 将枇杷放在干燥通风的地方，可以延长其保存时间。

2. 枇杷除了可当水果食用之外，还可以酿酒或制成枇杷膏、枇杷罐头等。

3. 吃枇杷时要剥皮。

4. 枇杷叶可晾干制成茶叶。

分布区域

■原产于我国，在江苏、安徽、浙江、江西、湖北、湖南、四川、云南、贵州、广西、广东、福建、台湾等地均有栽培。

■四川、湖北有野生品种。

■日本、印度、越南、缅甸、泰国、印度尼西亚也有栽培。

枇杷

鉴别

晚五星　又叫"红灯笼"，是晚熟枇杷之王。果实为卵圆形或近圆形，极大。果皮为橙红色，果面无锈斑或极少，果粉中厚。果肉为橙红色，肉极厚，肉质细嫩，汁液特多，风味浓甜。适宜用来制酒。

怒江枇杷　产于云南怒江沿岸。果实呈圆形或椭圆形，肉质具有颗粒状突起，基部和顶端有棕色柔毛。

栎叶枇杷　产于云南东南部、四川西部。果实呈卵形至卵圆形，个小，暗黑色，肉薄，独核。花期9~11月，果期4~5月。

赤叶枇杷　原产于中国台湾恒春。叶薄，果小，圆形。味甜可口，有治热病的功效。耐寒力弱，其特点是夏花秋果。台湾、广东均有分布。适宜制成甜点。

大花枇杷在四川西部有原生种。分布于四川、贵州、湖南等地。果较大，近圆形，橙红色，光滑。

大花枇杷

早钟6号　果实呈倒卵形至洋梨形，平均单果重52.7克，最大的可超过100克。果皮为橙红色，鲜艳美观，锈斑少，厚度中等，易剥离。果肉为橙红色，平均厚约0.9厘米，肉质细致，化渣，味甜，有香气。鲜食和制罐头均宜。

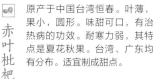

你知道吗？

枇杷含有果糖、葡萄糖、钾、磷、铁、钙以及维生素A、B族维生素、维生素C等营养物质，胡萝卜素的含量在水果中排在前三。

枇杷能够消食止渴，促进食欲，帮助吸收和消化，还具有止咳的作用。

生长习性

喜光，稍耐阴。
稍耐寒，不耐严寒。
喜温暖气候和肥沃湿润、排水良好的土壤。

早五星　有"早熟枇杷之王"的美誉，成都科技人员从实生树中选出，在成都地区一般4月10日左右成熟。该品种苗木数量极少，十分珍贵。适合制成水果沙拉。

白沙枇杷　又叫"白玉枇杷"，是我国特有的品种。果肉细嫩、皮薄、汁多并富含多种营养成分，是上乘的保健水果。品质较佳，果个偏小，平均果重25~30克，过熟后风味会变淡。一般5月底至6月上旬成熟。适宜制成果酱食用。

柠檬

又名柠果、洋柠檬、益母果。
芸香科柑橘属。

柠檬为小乔木，枝少刺或近于无刺，嫩叶及花芽呈暗紫红色，叶片顶端短尖，边缘有明显钝裂齿。花萼呈杯状，外面为淡紫红色，内面为白色。果实呈椭圆形或卵形，顶部狭长并有乳头状尖突；果皮厚且粗糙；黄色，难剥离；果汁为淡黄色，味道极酸，香气沁人心脾。花期 4 ~ 5 月，果期 9 ~ 11 月。柠檬因味极酸，孕妇最喜食，故称"益母果"或"益母子"。柠檬中含有丰富的柠檬酸，因此也被誉为"柠檬酸仓库"。

果实呈椭圆形或卵形，两端狭小

营养档案

每 100 克柠檬中含：

能量	147 千焦
脂肪	1.2 克
碳水化合物	6.2 克
膳食纤维	1.3 克
钾	209 毫克
钙	101 毫克
镁	37 毫克
磷	22 毫克
维生素 C	22 毫克
维生素 E	1.14 毫克

种子小，卵形

叶片呈卵形或椭圆形

花萼杯状，花外紫内白

枝少刺或无刺，嫩梢紫红色

🌿 小贴士

1. 把柠檬汁加到肉类中，可以有效去除肉的腥味，还可以使肉类更早入味。

2. 蛋糕制作过程中加入柠檬汁，可以让蛋糕更具有风味。

3. 柠檬生食太酸，可以加蜂蜜一同食用。

4. 柠檬放置阴凉处可以保存约 1 个月，如已经切开一定要用保鲜膜包好后放进冰箱保存。

分布区域

■ 柠檬的主要产地为美国、意大利、西班牙和希腊等地。

■ 在我国，柠檬多产于长江以南。江苏、浙江、江西、福建、湖南、四川、云南等地均有种植，台湾、广东、广西等地也有栽培。

鉴别

印度大果柠檬 柠檬和圆佛手瓜的杂交种，果实呈椭圆形至圆形，果面光滑，皮薄，成熟期为9~10月，成熟时色泽为黄绿色。

费米耐劳柠檬 意大利主栽品种。果实中等大小，果形为椭圆形或有长短不等的短颈的椭圆形。果皮厚，成熟时果色呈黄色，少核至无核，多汁，高酸。

菲诺柠檬 原产于西班牙，现为澳大利亚主栽品种。丰产，果实大小适中，呈球形或椭圆形，色泽呈浅黄色至黄色，皮薄且光滑，高酸，种子有5粒左右。

莱蒙柠檬 原产于美国，目前我国四川省大英县和云南省瑞丽市是其主要种植基地。果实呈椭圆形，果形美，成熟之后果皮呈黄绿色，其内部是酸味的黄绿色果肉。果皮薄，油胞分布均匀，其油芳香。

国产小青柠 个体较小，颜色呈绿色，味道酸甜。维生素C、水果酶含量很高，可以维持人体新陈代谢。

热那亚柠檬 起源于意大利热那亚地区。果皮光滑且薄，果形与尤力克柠檬相比更圆，而柠檬酸含量、出汁率、果皮厚度与尤力克相当。

维拉法兰卡柠檬 原产于意大利西西里岛。一年四季均能结果，果实为椭圆形，少核。果皮呈浅黄色，较光滑。果肉柔软多汁，味酸，香气浓，品质佳。

尤力克柠檬 原产于美国。果实呈椭圆形至倒卵形，两头有明显乳凸，果色鲜艳，油胞凸出，出油量高，汁多肉脆，是鲜食和加工的首选品种。果皮淡黄，较厚而粗。果汁多，香气浓，酸含量高，具香气，品质上等。

你知道吗？

柠檬富含维生素C，能化痰止咳，生津健胃。

柠檬可用于缓解支气管炎、中暑烦渴、食欲不振、维生素缺乏等症状，是坏血病的克星。

美味食谱

柠檬蜂蜜水

1. 准备柠檬、蜂蜜各适量。

2. 将柠檬切成片、去籽，码进无水无油的玻璃罐里，一层柠檬一层蜂蜜，至八分满。

3. 放入冰箱冷藏一天即可食用，放置一周更佳。

生长习性

柠檬性喜温暖，耐阴不耐寒，怕热，适宜在冬暖夏凉的亚热带地区栽培。

柠檬适宜栽植于气候温暖、土层深厚、排水良好的缓坡地。

柠檬栽植时需肥量较大，一年多次抽梢、开花、结果。

柑

又名柑子、金实。
芸香科柑橘属。

分枝多，枝扩
展或略下垂

常绿灌木，果实比橘大，果皮薄而光或厚而糙，颜色为淡黄色、朱红色或深红色，果皮易剥，橘络或多或少，囊壁薄或略厚，汁胞通常呈纺锤形，短而膨大；种子或多或少，呈卵形，顶部狭尖，不同品种的柑形态各异，味道甜美多汁，是世界上最重要的经济水果之一。

叶片呈披针形，
椭圆形或阔卵形

瓤囊7~14瓣，
囊壁薄或略厚

果实通常扁圆形
至近圆球形

营养档案
每100克柑中含：
能量……………213 千焦
蛋白质……………0.7 克
脂肪……………0.2 克
碳水化合物………11.9克
膳食纤维…………0.4 克
钠 ……………1.4 毫克
镁 ……………11 毫克
磷 ……………18 毫克
钾 ……………154 毫克
钙 ……………35 毫克
维生素 C………28 毫克
维生素 E………0.92 毫克

生长习性

喜欢温暖湿润的环境，大多种植在我国南方。

怕旱，以排水良好的轻质土壤为宜。

果皮薄而光或厚而糙，颜色为
淡黄色、朱红色或深红色

分布区域

■我国是世界柑橘类果树的原产中心，自长江两岸到浙江、福建、广东、广西、云南、贵州、台湾等地均产，其中以潮州地区的潮州柑为世界最佳良种柑。

鉴别

瓯柑 果实呈扁圆形或长圆形，基部有尖圆或截圆两种。果皮粗而皱襞，橙黄色，油腺多，凹入，果皮易剥离。橘络多，柔软，白色。瓤囊10瓣，中心柱小，充实。种子甚少，仅4枚，卵圆形。

贡柑 又称"皇帝柑"，乃橙与橘的自然杂交品种，具有橙与橘的双重优点。果形美观，皮色橙黄至橙红，皮薄多汁，果肉脆嫩，爽口化渣，清甜低酸，风味独特，广受消费者欢迎。

桶柑 早年由于农家将桶柑储藏于木桶中来运输，故称之为"桶柑"。果实圆形，果小，皮为橙红色，果肉紧密，甜味强，但产量较低，成熟期在农历1~2月，又名"年柑"。

蕉柑 是橘和橙的天然杂交品种。果实呈圆形或扁圆形，果皮薄而光滑或厚而粗糙，果肉柔软多汁，果期10~11月。

饼柑 果实呈扁圆形，株高3~4米，叶为椭圆形，开白花，果实为橙黄色。

茂谷柑 果实呈扁圆形，果形整齐，果皮光滑，橙黄色，单果重150~200克，风味极佳。

茶枝柑 又名"新会柑""江门柑"。果实呈扁圆形或馒头形，表面橙黄色，基部平或隆起。果皮易剥离，质松脆，有特异的香气。瓤囊11~12瓣，味酸甜。种子20余枚，呈卵圆形，淡黄褐色。花期在3月中旬，果熟期在12月中旬。

椪柑 又名"白橘""梅柑"，原产于我国。椪柑分硬芦和有芦：硬芦，果实呈扁圆或高扁圆形；有芦则果顶部一般无放射状沟纹，果实呈扁圆形，果面为橙黄色或橙色，果皮稍厚，果肉脆嫩、多汁，甜浓爽口。

你知道吗？

柑果肉多汁，味道甜酸，含有丰富的果胶，可以减少血液中的胆固醇。经常食用还可分解脂肪，有助于排泄体内积累的毒素。

柑皮祛痰平喘的作用弱于陈皮，消食顺气的作用则强于陈皮。

知识典故

据古籍《禹贡》记载，4 000年前的夏朝，柑已被列为贡税之物。

柑应如何挑选？

1. 柑的果皮太软说明采下时间太久，果皮果肉分离，水分流失大，不宜选购。

2. 应选取软硬适中，果形端正、无畸形、果梗新鲜的。

3. 应挑选颜色均匀偏红、无斑点、果皮油胞发亮有光泽的柑，果皮有斑点很可能早期受过病虫害。

4. 柑形状扁平比瘦高的好。

5. 掂量柑的重量，越重说明水分越充足。

橘

又名橘子、蜜橘。
芸香科柑橘属。

橘果实外皮肥厚，果形扁圆，内藏瓤瓣，呈淡黄色、朱红色或深红色，皮薄而光滑易剥。果肉鲜黄、柔嫩，果肉酸甜，时而带点苦味。

果皮呈淡黄色、朱红色或深红色，薄而光滑，易剥离

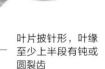

果肉酸或甜，或有苦味，或另有特异气味

叶片披针形，叶缘至少上半段有钝或圆裂齿

果实扁圆形，顶微凹

营养档案

每 100 克橘中含：

能量	213 千焦
蛋白质	0.8 克
脂肪	0.2 克
碳水化合物	8.9 克
膳食纤维	1.4 克
磷	18 毫克
钾	154 毫克
钙	35 毫克
维生素 C	33 毫克

小贴士

1.鲜橘皮放置在室内可以起到清除异味的效果。

2.吃完橘子之后不要立刻吃鸡蛋，否则会影响蛋白质的吸收。

3. 吃完橘子之后不可以立刻食用海鲜或是螃蟹，否则容易引起消化道的不良反应。

4. 不宜食用过量，否则会患上胡萝卜素血症，皮肤呈深黄色。

分布区域

■世界范围，橘主要分布在北纬 35° 以南的区域，产量居百果之首。其中巴西产量第一，美国第二，我国第三，其后是墨西哥、西班牙、伊朗、印度和意大利等国。

■在我国，橘主要分布于浙江、福建、湖南、湖北、广西、广东、江西、重庆和台湾等地，其次是上海、江苏、贵州、云南等地，甘肃、陕西、河南、安徽、海南等地也有种植。

鉴别

金钱橘 又名"金橘""京橘"，是贵州省的地方传统名果。果实较小，有圆球形、饼形、扁圆形几种。果皮油胞较明显，有纯正芳香气味。果皮易剥，汁胞饱满，水分充足，果实含糖较多。

朱砂橘 叶呈椭圆形，两端尖。果实呈扁圆形或圆形，顶端稍凹入。果皮粗糙，朱红色，味甜。植株也可供观赏。

春甜橘 是广东省紫金县特产。品质优良，果色金黄，光泽性好。皮薄，肉质爽脆，化渣，核少。酸甜度适中，味清甜，含糖低，含丰富的矿物质，素有"岭南第一橘""橘中之王"等美誉。

蜜橘 味极甜，故称"蜜橘"。果实扁球体，直径 5~7 厘米，有橙红色和橙黄色，果皮与果瓣易剥离，果心中空。

温州橘 果实呈扁圆形，橙红色，果面油胞凸出，果皮薄。果实皮色鲜艳，清甜多汁，中等大，含糖量中等。

早熟宫川 温州蜜橘的一个品种，又称"临海宫川"。果实较大，果高呈扁圆形，果顶较宽大。果实橙黄色或橙红色，光滑而有光泽。果肉风味浓，甜而微酸，囊壁薄，易化渣，无核，品质上乘，10月中下旬成熟。

红橘 又常称"川橘""福橘"，原产于我国，主产于四川、福建。果实呈扁圆形，中等大，果皮薄，色泽鲜红，有光泽，皮易剥，富含橘络。肉质细嫩、多汁化渣，甜酸可口。

砂糖橘 又名"十月橘"。因其味甜如砂糖得名。砂糖橘是柑橘类的名优品种。果实呈扁圆形，蒂色泽橙黄，果皮薄，易剥离。果肉爽脆、汁多、化渣、味清甜，吃后沁心润喉，耐人寻味。

你知道吗？

橘含有蛋白质、脂肪、碳水化合物、膳食纤维、钙、磷、铁、钾、钠、镁等物质，经常食用有美容的作用。

橘中的维生素 A 能够增强人眼在黑暗环境中的视力和治疗夜盲症。

挑选橘的时候要避开过度发光或发白的，尽量选择果脐痕是凹痕的，大部分皮薄味甜。

生长习性

稍耐阴，喜温暖湿润的气候，不耐寒，适生于深厚肥沃的中性至微酸性的沙壤土。

高温不利于橘的生长发育，气温、土温高于 37℃ 时，其果实和根系停止生长。

随着温度增高，其糖含量、可溶性固形物增加，酸含量下降，品质变好。

对土壤的适应范围较广，根系生长需要的含氧量较高，土壤质地疏松、排水良好最为适宜。

橙

又名橙子、柳橙、甜橙、黄果、金环、柳丁。
芸香科柑橘属。

橙是芸香科柑橘属植物橙树的果实。果实略呈扁圆形，果皮粗糙，有皱纹，熟时为金黄色。瓤囊多为 7 ~ 10 瓣，呈圆形或扁圆形。果肉及果汁为淡黄色，种子约 20 枚。橙果肉多汁，味道甘美，酸甜爽口，且营养丰富，很受人们欢迎。

花5瓣，白色，花盘为环形

叶呈椭圆形或卵状椭圆形，先端尖

瓤囊7~10瓣，肾形

果皮粗糙，有皱纹，黄色

营养档案

每 100 克橙中含：

能量	197 千焦
蛋白质	0.8 克
碳水化合物	11.1 克
膳食纤维	1.7 克
磷	22 毫克
钾	159 毫克
钙	47 毫克
维生素 C	54 毫克

果实略呈扁圆形

🌱 小贴士

1. 将鲜果裸置于居室内，对清除居室中异味有较好的作用。

2. 优质的橙表皮的皮孔相对较多，摸起来手感粗糙。

分布区域

■我国江苏、浙江、安徽、江西、湖北、广西等地和西南大部分地区均有种植。

鉴别

脐橙

果顶有脐，即有一个发育不全的小果实包埋于果实顶部。无核，肉脆嫩，味浓甜略酸，容易剥皮与分瓣。果形大，主要供鲜食，为国际贸易中的重要良种。

冰糖橙

果实近圆形，橙红色，果皮光滑。单果重 150~170 克，味浓甜带清香，少核，3~4 粒种子。11 月上、中旬成熟，果实较耐贮藏。品质好，味浓甜，也较耐寒。

新会橙

又名"滑身仔""滑身橙"。果实呈短椭圆形或圆形，较小，单果重 110 克左右。果蒂部稍平，果顶部常有印圈，果皮为橙黄色，光滑而薄。汁胞脆嫩少汁，味极甜，有清香。

血橙

橙的变种，带有深红似血颜色的果肉与汁液。新鲜的血橙红色或橙色，香甜多汁，果形略呈椭圆形。血橙大都无核，主要种植在西班牙、意大利和北美地区。

你知道吗？

橙中含有丰富的维生素 C，经常食用对皮肤很好；还含有大量的果胶和膳食纤维，具有健胃消食的作用。

高血压患者不建议空腹食用，建议餐后食用。

橙中含有丰富的有机酸、膳食纤维，可以改善肠胃蠕动。

红玉血橙

又名"红花橙""红宝橙"，产于地中海沿岸国家，我国也有栽培，以四川较多。果实呈扁圆形或圆形，大小中等，果皮光滑，充分成熟后呈深红色，汁液丰富，酸甜适中。

普通甜橙

果实一般为圆形，橙色，果顶无脐，或间有圈印，是甜橙中数量最多的种类。

生长习性

喜温暖湿润环境。
生长温度最好在 20~32℃。
空气湿度保持在 65%~90%。

改良橙

又名"漳州橙""红肉橙"。果实呈圆形，中等大或稍小，果面为橙色或深橙色，稍显粗糙。果肉有红、黄或红黄相间 3 种类型，红肉型的细嫩多汁，酸甜适口；黄肉型的脆嫩汁少，味浓甜，残渣稍多。

柳橙

果实呈长圆形或卵圆形。果顶圆，有大而明显的印环，蒂部平，果蒂微凹。果皮为橙黄色或橙色，稍光滑或有明显的沟纹。果皮中厚，汁胞脆嫩，风味浓甜，具有浓香。

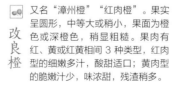

柚

又名柚子、文旦、香栾、朱栾、内紫、条、雷柚、碌柚。芸香科柑橘属。

花蕾呈淡紫红色，少见乳白色。果实呈圆形、扁圆形、梨形或阔圆锥形。果皮很厚或薄，海绵质，油胞大。种子多达 200 余枚，亦有无子的，形状不规则，通常近似长方形，单胚。果心实但松软，果肉甘甜味苦，维生素 C 含量较高，有消食、解酒毒的功效。花期 4 ~ 5 月，果期 9 ~ 12 月。

总状花序或腋生单花，花蕾呈淡紫红色或乳白色

叶片呈阔卵形或椭圆形

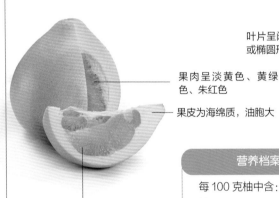

果肉呈淡黄色、黄绿色、朱红色

果皮为海绵质，油胞大

果心实但松软，瓤囊多至19瓣

果皮为海绵质，油胞大

果实呈圆形、扁圆形、梨形或阔圆锥状

营养档案

每 100 克柚中含：

能量	172 千焦
蛋白质	0.8 克
脂肪	0.2 克
碳水化合物	9.5 克
膳食纤维	0.4 克

知识典故

柚在我国已有 3 000 多年的栽培历史，在先秦典籍《韩非子》和《吕氏春秋》中已有相关记载。

小贴士

1. 腹泻患者不宜多食。

2. 正在服药者需咨询医生是否可以食用，尤其是高血脂患者。

3. 柚皮煮水对小儿肺炎、冻疮有一定的治疗效果；柚皮切成条还可以制作成柚子糖。

分布区域

■世界范围内，东南亚各国都有栽培。

■在我国长江以南各地，如浙江、江西、广东、广西、台湾、福建、湖南、湖北、四川、贵州、云南等地均有栽培，最北限为河南信阳及南阳一带。

鉴别

四季柚　是冬季水果市场上备受青睐的佼佼者。形美色艳，外皮淡青色且薄，核细肉丰，粒粒大麦形的沙瓤晶莹剔透，脆嫩无渣，柔软多汁，甜酸适度，清香满口，素有"柚中佳品"的美誉。

江永香柚　属沙田柚系列，品质比沙田柚更胜一筹。果实硕大，皮色浅黄。果肉晶莹似玉，汁多脆嫩，营养丰富，硒、维生素 C 和可溶性固形物居柚类之冠，久贮色香味不变，被视为果中珍品。

琯溪蜜柚　琯溪蜜柚果大，个体重达 1 500~2 000 克，呈长卵形或梨形。果面呈淡黄色，皮薄。果肉质地柔软，汁多化渣，酸甜适中，种子少或无。适应性强，高产，商品性佳，可谓柚中之冠。

坪山柚　全国四大名柚之一，柚果呈倒卵形，果大，果皮为黄色，粗糙；中果皮为淡红色，皮较厚；果瓤为肾形，浅红色。肉质脆汁多，味甜少酸，营养丰富，维生素 C 含量高，品质上等，耐贮藏。

沙田柚　在国内种植时间最早，是我国产量、销量最大的柚子品种，位列四大名柚之首。果实呈梨形或葫芦形，果肉脆嫩爽口，白色或虾肉色，风味浓甜，品质上等。

梁山柚　亦名"梁平柚"，因其以平顶型品质最优，故又名"梁山平顶柚"。广称的梁平柚、梁山柚均指梁山平顶柚。果实硕大，汁多味甜，营养丰富，被称为"天然水果罐头"。果形美观，色泽金黄。果肉淡黄晶莹，香甜滋润，细嫩化渣。

胡柚　果实美观，呈梨形、圆形或扁圆形，色泽金黄。富含多种维生素和人体所需的16 种氨基酸以及磷、钾、铁、钙等矿物质。果肉脆嫩多汁，酸甜适度，鲜爽可口，是集营养、美容、延年益寿于一体的纯天然保健食品。

你知道吗？

柚中含有碳水化合物、维生素 B_1、维生素 B_2、维生素 C、胡萝卜素、钾、钙、磷等物质，经常食用还能起到健胃、润肺的作用。

因个头很大，皮厚耐藏，所以又有"天然水果罐头"的称号。

生长习性

性喜温暖、湿润气候，不耐干旱。夏季高温下需保持良好肥水条件。

需水量大，较喜阴，尤喜散射光，但不耐久涝。

属深根性，对土壤要求不严，在土层深、富含有机质、pH5.5 ~ 7.5的土壤中均可生长。

红肉蜜柚　果形呈倒卵圆形。果皮黄绿色，果肩圆尖，果顶广平，微凹。果面因油胞较突，手感较粗。皮薄，囊瓣数为 13~17 瓣，有裂瓣现象，囊皮粉红色。果肉为淡紫红色。汁胞红色，果汁丰富，风味酸甜，品质上等。

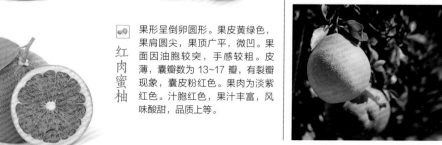

桃

又名肺果。
蔷薇科李属。

果肉为白色、浅绿白色、黄色、橙黄色或红色

桃树是一种乔木，叶片多呈长圆披针形，花瓣为长圆状椭圆形至宽倒卵形，粉红色，罕为白色。果实呈卵形、宽椭圆形或扁圆形，表面有毛，由淡绿白色至橙黄色，向阳面有红晕；核呈椭圆形或近圆形，表面具纵、横沟纹和孔穴，果肉为橙黄色、泛红色、白色、浅绿白色、黄色，肉质可食，味美多汁，甘甜爽口。

果实呈淡绿白色至橙黄色，向阳面有红晕，有柔毛

花瓣为长圆状椭圆形至宽倒卵形，粉红色

叶片长圆披针形、椭圆披针形或倒卵状披针形

果核呈椭圆形或近圆形

营养档案

每100克桃中含：

能量	201 千焦
碳水化合物	12.2 克
膳食纤维	1.3 克
镁	7 毫克
磷	20 毫克
钾	166 毫克
钙	6 毫克
叶酸	5 微克
维生素 C	7 毫克

知识典故

桃的原产地在中国，公元前2世纪之后，桃树沿"丝绸之路"传播到波斯，又被希腊、罗马等地中海沿岸各国引入，而后传入法国、德国、西班牙、葡萄牙等国。15世纪后，桃树被引入英国，哥伦布发现新大陆后，桃树随欧洲移民进入美洲。日本种植桃树的历史比较短，是1876年从我国上海、天津引进的。此外，印度的桃树也是由中国引入的。

小贴士

1. 在清水中放入少许食用碱，将鲜桃浸泡3分钟，搅动几下，桃毛自然上浮，冲洗几次即可去除桃毛。

2. 核与果肉分离的桃子不甜，核与肉粘在一起的果肉才会比较甜。

3. 挑选桃子的时候要选择斑点多的，比较甜；颜色红的桃子不一定甜，裂开的桃子不宜购买。

分布区域

■原产于中国，各省市均有广泛栽培，主要经济栽培地区在我国华北、华东各地。栽培较为集中的地区有北京、天津、山东、河南、河北、陕西、甘肃、四川、辽宁、浙江、上海、江苏等地。

鉴别

水蜜桃
成熟的水蜜桃呈圆形，表面有细小茸毛，青里泛白，白里透红。果肉丰富，宜于生食，入口滑润不留渣。刚熟的桃硬而甜，熟透的桃软而多汁。这样的果品，对于老年人和牙齿不好的人来说，是难得的夏令珍品。

油桃
表面光滑如油，无毛。其他桃的果面只有部分呈红色，但油桃的整个果面都呈鲜红色，它是目前国际市场上风行的一种水果。油桃风味浓甜，含糖高，十分符合国人喜甜的饮食习惯；香味浓郁，清香可口；肉质细脆，爽口异常。

蟠桃
蟠桃是较珍贵水果之一，形状扁圆，果肉为白色。果皮呈深红色，顶部有一片红晕，味甜汁多，有"仙桃"之称。以其形美色艳、味佳肉细、皮韧易剥、汁多甘厚、味浓香溢、入口即化等特点驰名中外。

黄桃
又称"黄肉桃"，因肉为黄色而得名。果皮、果肉均呈金黄色至橙黄色，肉质较紧致密而韧，粘核者多。

肥桃
是我国桃类的珍品之一，因产于肥城故称肥桃，又名"佛桃"。以个大、味美、营养丰富而享有盛名，被誉为"群桃之冠"。

简阳晚白桃
果实近圆形，果形整齐，果实两半部对称，果顶微凹。果皮底色黄绿，有片状红晕，成熟后易剥皮，软溶质，近核处紫红色，粘核，果实风味浓郁，柔软，多汁，化渣，富含香气。

毛桃
果圆形或卵形，径 5~7 厘米，表面有短毛，白绿色，夏末成熟。熟果带粉红色，肉厚，多汁，气香，味甜或微甜酸。核扁心形，极硬。

雪桃
又名"中华冬桃"，成熟后的红雪桃果实呈扁圆形，有短尖角。果实缝合线两侧基本对称，果形端正，向阳面着有鲜艳的紫红色，背阳面为金黄色，果实红黄相间，十分美观。果肉细，口感脆甜，甜度大有超过冰糖之感。

你知道吗？

桃果肉柔软，汁多味甜，含有丰富的葡萄糖、果糖、维生素 C 等营养物质，经常食用能改善气色。

桃性热，内热生疮、毛囊炎、痈疖和面部痤疮者忌食。

美味食谱

桃子罐头

1.准备桃1500克,糖250克,纯净水适量。

2. 将桃去皮、去核，桃肉切成四瓣。

3. 将桃皮清洗干净，加纯净水入锅，加糖煮约 20 分钟，至出现粉色即可。

4. 罐子提前高温消毒，将桃肉装进罐子中，再将煮好的桃汁倒入八分满。

5. 不扣盖子，上锅蒸约20 分钟后趁热扣紧盖子，放阴凉通风处即可，也可以放冰箱保存。

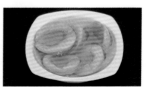

李

又名布林、嘉庆子、嘉应子、加应子等。
蔷薇科李属。

李树为落叶乔木，果实呈圆形、卵圆形、心形
或近圆锥形；颜色为黄色或红色，有时为绿色或紫色，
表皮有蜡质果粉；果肉为绿色或暗黄色，近核部为紫红
色；果核卵形具皱纹。果肉酸甜可口，尚未成熟时酸甜脆爽，
成熟后柔软甘甜。

小枝平滑无毛，
灰绿色

花瓣呈白色，宽
倒卵形

叶片呈长圆倒卵形
或长圆卵圆形，绿
色，无毛，有光泽

果实呈球形、卵球形、
心形或近圆锥形；黄色
或红色，有时为绿色或
紫色

果核卵形具皱纹，黏核

营养档案

每100克李中含：

能量	151 千焦
碳水化合物	8.7 克
膳食纤维	0.9 克
钾	144 毫克
钙	8 毫克
钠	3.8 毫克
磷	11 毫克
镁	10 毫克
维生素 C	5 毫克

分布区域

■ 世界各地均有栽培。

■ 在我国，主要分布在陕西、甘肃、江苏、浙江、江西、四川、云南、
贵州、湖南、湖北、福建、广东、广西、台湾等地。

小贴士

李味苦、涩，或者放入水中能
漂浮的，则为有毒，不宜食用。

鉴别

鸭池河酥李

果形呈微扁圆形，果顶平，顶点微凹。果皮为淡黄色，皮薄，外被白色果粉，光滑。果肉厚实，淡黄色，味甜汁多，肉质致密，酥脆爽口，有清香味，微带苦涩。

黑布林

从美国、新西兰引进。果实颜色为紫黑色，又被称为"美国黑李""美国李"。口感厚实甘甜，皮微酸。可以做成各种水果拼盘、甜点、果酱。

秋红李

又名"龙园秋李"，是黑龙江省农科院培育而成的晚熟大果形品种。果实呈扁圆形，果梗粗短。果实底呈黄色，果面鲜红或紫红，果粉厚。果肉为黄色，肉质硬，口味酸甜，充分成熟时有香味。

胭脂李

广西壮族自治区来宾市武宣县的名优特色水果，因彻底成熟之后汁水多、皮质松脆、红得像渗入了一层好看的胭脂而得名。个大、匀称、肉质鲜红、汁多、果甜、脆而爽口、口感佳是该品种的主要特点，2003年在首届全国优质鲜食李杏评选会上被评为"优质鲜食李"。

沙子空心李

因果肉与核分离而得名，产于贵州省沿河土家族自治县沙子镇，是区域性特色水果。果实呈扁圆形，果皮呈黄绿色，肉质紧脆，酸甜适度，品质上乘，营养丰富。适宜洗净之后生食。

你知道吗？

李中含有多种氨基酸，如谷氨酸、丝氨酸、甘氨酸、脯氨酸等营养成分，生吃对辅助治疗肝硬化腹水大有裨益。核仁含苦杏仁苷和大量脂肪油，适宜高血压患者食用。

红肉李

果实呈心形，果皮为红色，果肉为血红色，果粉明显，完全成熟的果实果肉呈紫色，酸度低，甜度高，脆度消失。适合洗净生食、制成果酱等。

秀洲槜李

果形大，果皮厚，易剥离，成熟时呈暗紫色如琥珀，果肉为淡橙黄色，细嫩多汁，味鲜甜爽口，带有酒香，堪称"诸李之冠"，古为江南贡品，深受消费者青睐。

生长习性

对气候的适应性强。

对土壤要求较低，只要土层深，有一定的肥力，各种土质都可以生长。

对空气和土壤湿度要求较高，不耐积水。

宜在土壤透气和排水良好、土质疏松、土层深、地下水位较低的地方生长。

黄柑李

果实呈圆形，果皮、果肉均为黄色。黄澄澄的果实十分惹人喜爱，鲜亮多汁，味道酸甜不一。

杧果

又名芒果、檬果、香盖、闷果、蜜望、望果、面果、庵罗果。
漆树科杧果属。

树皮呈灰褐色，
小枝褐色

为原产于印度的常绿大乔木，传入我国已有1 300多年历史。叶革质，花小，杂性，果色为黄色或淡黄色，呈顶生的圆锥花序。果实偏扁，有椭圆形、肾形及倒卵形等，成熟时果皮有绿色、黄色或紫红色，核果大而扁，坚硬。果肉成熟时为黄色或橙黄色，味甜，为著名热带水果之一。

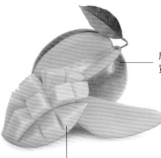

成熟的果皮呈绿色、
黄色或紫红色

果实有椭圆形、肾形
及倒卵形等

花瓣呈长圆形
或长圆状披针
形，黄色或淡
黄色

果肉为黄色或橙黄色

营养档案

每100克杧果中含：

能量	134 千焦
蛋白质	0.6 克
脂肪	0.2 克
饱和脂肪酸	0.1 克
多不饱和脂肪酸	0.1 克
单不饱和脂肪酸	0.1 克
碳水化合物	8.3 克
膳食纤维	1.3 克

古籍名医录

《开宝本草》："食之止渴。"

《纲目拾遗》："益胃气，止呕晕。"

《食性本草》："主妇人经脉不通，丈夫营卫中血脉不行。叶可以作汤疗渴疾。"

叶片呈长圆形或长
圆状披针形

小贴士

1.将杧果和成熟的苹果或香蕉放在一起，可以加快杧果成熟的速度。

2.杧果过敏者不要食用。将杧果去皮切成小块，食用后及时漱口、洗脸，可以预防杧果过敏。

分布区域

■世界各地已广泛栽培，主要分布于印度、孟加拉、马来西亚和中南半岛等地。

■我国栽培品种已达40余种，多分布于云南、四川、广西、广东、海南、福建、台湾等地。

鉴别

吕宋杜
原名"卡拉宝",又称"湛江吕宋""蜜杜""小吕宋"。果皮淡绿,成熟后变鲜黄色。果肉橙黄色,细嫩,汁多,味甜,纤维极少或无,品质极佳。外观、内质俱佳,适于鲜食。

苹果杜
果皮光滑,果点明显,纹理清晰。果皮为淡红色被蜡质,呈粉红色,外形酷似苹果,故得名为"苹果杜"。果实大小适中,除具有杜果香味外,还有香蕉、波罗蜜的香味,清甜可口,肉质坚实、细嫩、润滑。适合做水果比萨。

金煌
中国台湾自育品种,因果实特大且核薄,味香甜爽口,果汁多,无纤维,耐贮藏。成熟时果皮为橙黄色。品质优,商品性好。

海豹杜
果重 1~1.5 千克,因果形似海豹而得名,品质中等。

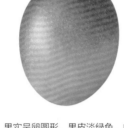

凯特杜
果实呈卵圆形,果皮淡绿色,向阳面及果肩呈淡红色。皮薄,核小,肉厚。适宜做成蜜饯。

红象牙
该品种是自"白象牙"实生后代中选出。果长圆形,个大,微弯曲。

小象牙
因形状像幼象牙而得名。成熟的杜果呈金黄色,皮薄核小、果肉肥厚、鲜嫩多汁,味美可口,香甜如蜜。含有多种维生素,被誉为"热带水果之王"。

黑香
属中晚熟品种。果实呈浓绿色,成熟后并不转色,难以从果皮的色泽去判断其成熟度,催熟后只是软化而已,也不转色。果肉为深黄色,有特殊香味,因此称为"黑香"。

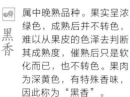

功能特效

1. 对于晕车、晕船有一定的止吐作用。

2. 杜果含有大量的维生素 A,因此具有很好的保健功效。

3. 美化肌肤。

4. 防治便秘。

5. 杜果叶的提取物能抑制化脓球菌、大肠杆菌、绿脓杆菌,还具有抑制流感病毒的作用。

你知道吗？

杜果有"热带果王"之称,营养价值很高,富含维生素 A、维生素 C、蛋白质、脂肪和碳水化合物等营养物质。

挑选杜果应看其外皮是否完好,带些许小黑点并没有问题,要看是否有腐烂的痕迹,轻捏一下,如果果肉已经松动则不宜购买。

生长习性

喜光,喜温暖,不耐寒霜,生长的适宜温度为 18~35℃。

杜果对土壤要求不严,但以土层深厚、排水良好、微酸性的沙壤土为好。

杏

又名杏子、杏实。
蔷薇科李属。

叶片呈阔卵形或圆
卵形，深绿色

杏树为落叶乔木，植株无毛，叶阔卵形或
圆卵形，边缘有钝锯齿；花白色或微红色；
果实呈球形、倒卵形，稍扁，有白色、黄
色至黄红色，常有红晕，有短柔毛；果核
呈卵形或椭圆形，表面稍粗糙或平滑，
核缘厚而有沟纹，核面平滑没有斑孔；种仁多
具苦味或甜味；暗黄色果肉，味甜多汁。

果核呈卵形或椭圆形，表
面稍粗糙或平滑

花单生，花瓣呈圆
形至倒卵形，白色
或带红色

果实球形、倒卵形，稍
扁，呈黄色至黄红色，
常具红晕

营养档案

每 100 克杏中含：

能量	151 千焦
蛋白质	0.9 克
脂肪	0.1 克
碳水化合物	9.1 克
膳食纤维	1.3 克
钠	2.3 毫克
镁	11 毫克
磷	15 毫克
钾	226 毫克
钙	14 毫克

分布区域

■ 杏树原产于我国新疆，在我国新疆伊犁一带野生成林或与野苹果林
混生，是我国最古老的栽培果树之一。在全国各地均有栽培，尤
以华北、西北、华东地区种植较多。

■ 世界各地均有栽培。

🌿小贴士

1. 杏有微弱毒性，不宜多食。

2. 杏仁烹调的方法有很多，可
以用来做粥、饼、面包等。

鉴别

金太阳杏　果实为圆形，果顶平，缝合线浅不明显，两侧对称。果面光亮，底色呈金黄色，阳面着红晕，外观美丽。果肉为橙黄色，肉质鲜嫩，汁液较多，有香气，甜酸爽口，离核。5月下旬成熟。

矮化甜杏　杏树中的短枝型品种，鲜食兼仁用品种。果实圆形，果面鲜红色，果肉橙红色，离核。

红丰杏　果实近圆形，果个大，外观艳丽，商品性好。肉质细嫩，纤维少，汁液多，浓香，纯甜，品质上，半离核。果面光洁，果实底色橙黄色，外观 2/3 为鲜红色，为国内外最艳丽漂亮的品种。

游龙杏　鲜食兼观赏品种。因树枝弯曲如游龙而得名。果实呈圆形，果肉硬，浓甜清香。

美国特早巨杏　单果重约125克，最大重可达300克以上，阳面艳红，丰产性强。北京地区5月下旬成熟。

你知道吗？

杏的营养极为丰富，富含维生素 C、碳水化合物、蛋白质以及钙、磷等营养物质，对改善肺结核、身体浮肿等症状都十分有益处。患有某些慢性疾病的患者尤其适宜食用。

串枝红杏　果实呈卵圆形，果皮底色为橙黄色，阳面紫红色。果肉橙黄色，肉质硬脆，纤维细，果汁少，味甜酸。离核，仁苦。

仰韶黄杏　果实大，平均单果重约 60 克，大果重可达 130 克。果实卵圆形，果顶平、微凹，缝合线浅，两半部不对称，梗洼深广。果皮橙黄色，阳面着红晕，具紫褐色斑点。果肉橙黄色，近核处黄白色，肉质细韧、致密，富有弹性，纤维少，汁液中多，酸甜爽口。

生长习性

杏为阳性树种，深根性，喜光，抗风。

耐寒，耐旱，耐高温，对土壤、地势的适应能力强。

杏树寿命可达百年以上，为低山丘陵地带的主要栽培果树。

金杏　果实呈卵圆形，果实缝合线显著，中深、狭窄，片肉两侧不对称。果顶呈圆形，微凸。梗洼深而广。果实底色淡黄色，散生几个小红点。果面茸毛少，果皮厚。果肉为黄色，松脆，纤维粗、多，汁丰富，味甜酸适度。离核，核卵呈圆形，黄褐色。

樱桃

又名荆桃、莺桃、车厘子、牛桃、樱珠、合桃。
蔷薇科李属。

小枝灰褐色，嫩枝
绿色

樱桃树嫩枝呈绿色，小
枝呈灰褐色或灰棕色，叶片先端骤尖或短渐尖，基部为圆
形或楔形；花序伞形，花叶同开；花瓣为白色或粉
红色；果实近球形、卵球形，呈红色至紫黑色，果
小而红者称"樱珠"，色紫而有黄斑者称"紫樱"。花期 3～5
月，果期 5～9 月。樱桃果实璀璨绚丽，颇得历代文人
墨客的赞赏，其口感也很好，有"百果第一枝"的称号。

叶片呈卵形或长圆
状卵形，上面暗绿
色，几乎无毛，下
面淡绿色

花序呈伞房状或近伞形，
花瓣为白色，卵圆形

果实近球形，红色，
果肉细软，糖分高

营养档案

每 100 克樱桃中含：

能量	193 千焦
蛋白质	1.1 克
碳水化合物	10.2 克
膳食纤维	0.3 克
钾	232 毫克
钙	4 毫克
钠	8 毫克
镁	12 毫克
磷	27 毫克
铁	0.4 毫克
烟酸	0.6 毫克
维生素 C	10 毫克
维生素 E	2.22 毫克

🌱小贴士

1. 清洗樱桃时不宜在水中泡太久，
会影响口感。

2. 樱桃含糖量很高，血糖高者
不宜多食，此外口腔溃疡患者
也要谨慎食用。

3. 常食樱桃可补充体内对铁元
素的需求，促进血红蛋白再生，
既可防治缺铁性贫血，又可增
强体质、健脑益智。

分布区域

■世界各地均有种植。

■在我国安徽、辽宁、河北、陕西、甘肃、山东、河南、江苏、浙江、
江西等地均有种植。

鉴别

意大利早红

果实中大，果柄较短，果形短鸡心形，果色紫红，果肉红色、细嫩、肉质厚、硬度中，果汁多，风味甜酸，品质上等，是早熟优良品种。

先锋

俗称"早熟先锋"，原产于加拿大。果实均重 8 克，大果重可达12 克。果实大小均匀，果形为肾形，果皮橘红色，果肉硬而脆，味道极美。果梗较短，深绿。

早大果

果实大，均重 10 克，大果可达18 克。果实呈广圆形，果梗中长、粗。果皮较厚，成熟后果面呈紫红色。果肉较软，多汁，鲜食品质佳，较耐贮运。

艳阳

果实大，圆形。果柄长度适中。果皮呈黑红色，具有光泽。果肉味甜多汁，酸度低，质地较软，品质优。

极佳

果实平均 6 克，最大果重可达8 克。果实近圆形，紫红色，果肉紫红，果肉硬质细多汁，酸甜可口，5 月上中旬成熟。

红灯

平均果重 9.6 克，最大果重可达11 克。果实为肾形，表皮黑色，鲜艳有光泽，肉厚柔软多汁，味甜，耐贮运，6 月上旬成熟。

樱王

原产于加拿大，是一种短枝大果，鲜红大樱桃品种。果硬脆，熟后可用刀切片，果形似红灯，品质优于红灯樱桃。果肉离核，是生食兼加工品种。

友谊

果实个大，平均单果重 15 克。果实为紫色，果肉质细致多汁，风味甜，丰产性好。

你知道吗？

樱桃果实富含碳水化合物、蛋白质、维生素及钙、铁、磷和钾等多种元素，营养价值很高。其含铁量是水果之首。

樱桃保存不易，需将坏果挑出后，将樱桃放进冰箱保存。

樱桃除了可以直接食用外，还可以用于糕点制作。

生长习性

喜温喜光，怕涝怕旱。

生于山坡林中、林缘、灌丛中或草地。

在土壤 pH6.5~7.5 的中性环境中生长良好。

在土质疏松、土层深厚、通气良好的沙壤土中生长较好。

橄榄

又名青果、谏果、山榄、白榄、红榄。
橄榄科橄榄属。

叶片纸质至革质，
呈披针形或椭圆形

橄榄树为乔木。果实无毛，成熟时呈黄绿色，形状为圆形或纺锤形，横切面近圆形；外果皮厚，干时有皱纹；果核渐尖，横切面圆形至六角形，有浅沟槽，外面浅波状，不育室稍退化。种子有 1~2 颗。花期 4 ~ 5 月，果期 10 ~ 12 月。

外果皮厚，干时
有皱纹

果实呈圆形至纺
锤形，成熟时呈
黄绿色

营养档案

每 100 克橄榄中含：

能量	205 千焦
蛋白质	0.8 克
脂肪	0.2 克
碳水化合物	11.1 克
膳食纤维	4 克
磷	18 毫克
钾	23 毫克
镁	10 毫克
烟酸	0.7 毫克
维生素 C	3 毫克

分布区域

■ 原产于我国南方地区，以福建栽培最多，广东、广西、云南等地均有栽培，四川、浙江、台湾等部分地区也有分布。

■ 世界范围内，多分布于越南、老挝、柬埔寨、泰国、缅甸、印度、马来西亚、日本等。

🌿 小贴士

1. 橄榄可洗净后鲜用。

2. 橄榄可晾晒干燥用。

3. 橄榄可以盐水浸渍后晒干用。

鉴别

乌榄
又名"黑榄"。果实呈卵圆形至长卵圆形，紫黑色，长3~4厘米。核两端钝，大而光滑，横切面近圆形。

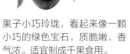

糯米橄榄
果子小巧玲珑，看起来像一颗小巧的绿色宝石，质脆嫩，香气浓。适宜制成干果食用。

惠圆榄
为福建主栽的大果形加工用中迟熟品种。果卵圆形或广椭圆形，单果均重19克，皮光滑，绿色或浅绿色。肉绿白色，极厚，肉质松软，纤维少，汁多，味香无涩。

檀香榄
果卵圆形，果实中部较肥大，橙黄色，称"莲花座"，为该品种独特标志。果皮有光泽，绿色或深绿色。果肉黄色，肉质清脆，香浓味甜，回味甘而无涩。

公本榄
果较小，质脆，回味甜香。

乌鸡肉榄
果肉带黑色，质细，回味甘甜。

潮阳三棱榄
主产于广东潮阳。果倒卵形，微呈三棱状，果顶有三条浅和小黑点突起的残存花柱，皮色黄蜡鲜亮。果肉白色，回味甘甜。核棕红色，与肉较易分离。是鲜食中品质特优的品种。

揭西四季榄
果实呈倒卵形，单果重5~7克。果肉为白色，纤维较多，初尝苦涩，回味尚甘。核棕褐色，较大，与肉不易分离。果实偏小，品质中下。

你知道吗？

橄榄富含钙质和维生素C，具有很高的营养价值，其果肉内含蛋白质、碳水化合物、脂肪以及磷、铁等营养物质。

生长习性

橄榄喜温暖，生长期需适当高温。

年平均气温在20℃以上较适宜，冬天温度下降到4℃以下时就会发生严重冻害。

降雨量在1 200～1 400毫米的地区可正常生长。

对土壤适应性较广，红黄壤、砾石土均可栽培，土层深厚、排水良好可生长良好。

古籍名医录

《本草拾遗》记载："其木主治鱼毒，此木作楫，拨著水，鱼皆浮出。"

《开宝本草》载："生食、煮饮并消酒毒，解河豚鱼之毒。人误食此鱼肝者迷者，可煮汁服之必解。"

枣

又名大枣、良枣、刺枣等。
鼠李科枣属。

长枝呈紫红色或
灰褐色

枣树为落叶小乔木。果实呈矩圆形或长卵圆形，成熟时呈红色，后变成红紫色，味香甜，鲜果口感脆爽，干果软糯香甜。中果皮呈厚肉质，核顶端锐尖，基部锐尖或钝。有 1 或 2 颗种子，种子呈扁椭圆形。常晒干制成枣干。成熟的红枣具有滋阴补阳的功效，是滋补佳品，有"日食三枣，长生不老"之说。枣的维生素含量非常高，有"天然维生素丸"的美誉。

叶片呈卵形、卵状椭
圆形、卵状矩圆形

知识典故

枣原产于我国，是我国传统名优特产树种。

考古学家从新郑裴李岗文化遗址中发现的枣核化石证明，枣在我国已有 8 000 多年的种植历史。

果实呈矩圆形或长
卵圆形，成熟时红
色，后变红紫色

你知道吗？

枣中含有蛋白质、脂肪、碳水化合物、有机酸、维生素 A、维生素 C 和钙等多种营养物质，经常食用可以调养气血。

用于贮藏的枣要干湿适度，无破损、病虫，色泽红润。

枣具有补气的功效，可以润肺止咳，还可以护肤美容。

果梗长 2~5 毫米

种子扁椭圆形

分布区域

■主要分布在我国山西、陕西、河北、山东、河南、甘肃六大传统产枣区，以及新疆新兴枣产区。

营养档案

每 100 克枣中含：

能量	511 千焦
蛋白质	1.1 克
碳水化合物	30.5 克
膳食纤维	1.9 克
钠	1.2 毫克
镁	25 毫克
磷	23 毫克
钾	375 毫克
钙	22 毫克
维生素 C	243 毫克

🌱 小贴士

1. 北方贮藏法

量大时采用麻袋码垛贮藏。袋与袋之间要留有通气的空隙，以利通风。不要离墙壁太近。

2. 南方贮藏法

高温多湿地区应用冷库贮藏。将枣用麻袋包装，贮于 5℃ 的库房中。

鉴别

蛤蟆枣 果实大，扁柱形，大小不均匀。果皮深红色，果面不平滑，有明显的小块瘤状隆起和紫黑色斑点，类似蛤蟆瘤状，故称"蛤蟆枣"。果顶微凹。果肉厚，绿白色，肉质细且较松脆。味甜汁较多，品质上等，适宜洗净鲜食。

胎里红 该果从小到大一直是红色的，故名"胎里红"，是国内珍稀品种。果形近葫芦形。果实鲜红色，果面光洁。果肉细密，清脆爽口。果心小，浓甜，气味芳香，风味极佳，品质极上。食之有享受感，实乃枣中一绝，果中珍品。

新疆红枣 为新疆特有产品，又被称为"黄金寿枣"。果实中等大，呈扁倒卵形。果肩较小，果顶宽圆。果面不很平整，果皮呈紫褐或紫黑色，中等厚，富光泽。果肉厚，质地细，汁液中多，甜味浓。品质上等，适宜制干、鲜食和泡成酒枣。

狗头枣 果实大，为卵圆形，大小不均匀。果顶平，柱头遗存，梗洼窄深。果皮中厚，深红色，果面平滑。果点小，圆形，分布密。果肉厚，肉质致密细脆，味甜，品质上等，适宜鲜食和制干。

白枣 原产于我国，全国各地都有分布。果实呈长圆形，未成熟时为黄色，成熟后为白绿色。可鲜食，也可制成干果或蜜饯果脯等。营养丰富，富含铁元素和维生素。

鸡心枣 属于小枣，因形似鸡心而得名。小巧如樱桃，深红色，有光泽，果肉中厚，其核小质密，有很高的药用价值，被誉为"百药之引"。果实中大，呈长圆形，皮薄，肉质酥脆，汁液多，甜味浓烈，口食无渣。

壶瓶枣 素有"八个一尺，十个一斤"的美名。成熟后果皮暗红，果形长呈倒卵形，上小下大，中间稍细，因其形状像壶亦像瓶，故称之为"壶瓶枣"。皮薄，深红色，肉厚，质脆，汁中多，味甜，果皮稍具苦辣味。

金丝小枣 由酸枣演进而来。掰开半干的小枣，可清晰地看到由果胶质和糖组成的缕缕金丝粘连于果肉间，在阳光下闪闪发光。果肉丰满，肉质细腻。鲜枣呈鲜红色，肉质清脆，甘甜而略具酸味；干枣果皮呈深红色，肉薄而坚韧，适宜制成点心食用。

饮食禁忌

枣与蟹同食，易患寒热。

枣与虾同食会中毒。

枣与葱、蒜、鱼肉同食会消化不良。

枣与胡萝卜同食会失去原有的营养价值。

糖尿病患者、经期女性、正在吃退烧药的人不宜食用。

生长习性

比较抗旱，需水不多，适合生长在贫瘠的土壤中。

美味食谱

红枣馒头

1. 准备面粉300克，红糖适量，酵母3克，红枣10颗，温水165克。

2. 将红糖用水化开，酵母用温水化开。先将酵母水倒入面粉中，再倒入红糖水后开始和面。

3. 和成一个较软的面团，将枣切碎，倒进面团中继续和。

4. 将面团放在盆中，盖上保鲜膜发酵。

5. 将面团切成均等大小，上面切十字花刀，入锅继续发酵15分钟左右，开大火蒸20分钟，关火后等5分钟再揭盖，取出即可。

龙眼

又名桂圆、荔枝奴、亚荔枝等。
无患子科龙眼属。

小枝散生苍白
色皮孔

龙眼树为常绿乔木。小枝粗壮，被柔毛，散生苍白色皮孔。叶薄革质，叶柄较小。花梗较短，花瓣呈乳白色。种子被肉质的假种皮包裹，呈茶褐色，光亮。果实近球形，呈黄褐色或灰黄色。果实表皮粗糙，有微凸的小瘤体，内表面有细纵皱纹。果肉呈黄棕色至棕色，半透明，味极甜，口感很好。春夏季为花期，夏季为果期。

果实近球形，呈黄
褐色或灰黄色

叶片呈长圆状椭圆形
至长圆状披针形，腹
面深绿色，背面粉绿
色，无毛

果肉黄棕色至棕色，
半透明

表皮粗糙，有微凸
的小瘤体

营养档案

每 100 克龙眼中含：

能量……………293 千焦

蛋白质……………1.2 克

脂肪………………0.1 克

碳水化合物………16.2 克

膳食纤维…………0.4 克

镁 …………………10 毫克

磷…………………30 毫克

钾 ………………248 毫克

钙 …………………6 毫克

维生素 C…………43 毫克

分布区域

■原产于我国南方地区，分布在福建、广东、广西、海南、云南、贵州、四川、台湾等地，主产于福建、广西、台湾。

■亚洲南部和东南部也多有栽培。

🌿 小贴士

1. 龙眼鲜食的口感很好，食用干果则要注意是否变味。

2. 易上火体质、消化不良者应少食龙眼。

龙眼

鉴别

石硖 是我国传统优质品种，品质上乘。果肉白色，晶莹剔透，肉脆核小，清甜化渣，有清香，果汁不外溢，用纸包果肉而不湿。果壳呈褐黄色，果形近圆形。

粉壳 是中国台湾主要品种，因其果粉多于其他品种而得名。果粒中等，果肉厚，颜色淡白，肉质微脆，甜度佳。

松风本 是一个丰产、稳产、优质的晚熟新品种。果中大，平均单果重 12.8~13.9 克。果实 9 月下旬至 10 月上旬成熟，是较理想的晚熟鲜食品种。

立冬本 福建省培育，是目前国内最晚熟的桂圆品种。果实大小均匀整齐，平均单果重 12.7~14.3 克。果实成熟期晚，10 月中下旬至 12 月初成熟。

十月 晚熟，果实大，甜度可维持较久，于农历十月采收，故名"十月龙眼"。

福眼 又名"福圆""虎眼"等。果实为扁圆形，果粒大小均匀，果皮呈褐黄色，龟甲状裂纹不明显，果肉为乳白色，半透明，肉质细腻，汁多肉厚，味清甜，核可入药。果实 8 月下旬至 9 月上旬成熟。

古山 2 号 果实呈扁圆形。果壳厚中等，赤褐色，易剥。果肉较厚，蜡白色，半透明，去壳时不流汁，肉质爽脆，味清甜，鲜食有独特香味。品质上乘，为鲜食极优品种。

容县大乌圆 原产地为广西容县。果实为近圆形，略扁，果大，是我国果形最大的龙眼良种。其果皮黄褐色、皮韧，果肉蜡白色、半透明，肉质爽脆，味甜稍淡，宜加工成果干。

你知道吗？

龙眼含丰富的葡萄糖、蔗糖和蛋白质等，铁含量也比较高，对人体很有益处，同时有益于脑细胞的生长发育。

龙眼营养丰富，具有补血益气、养心安神的作用。

挑选龙眼的时候要看其个体是否圆润，轻捏是否饱满。

生长习性

生长在亚热带地区，喜湿润温暖气候。

能忍受短期霜冻，温度在 0 ~ 4℃时，短期内不会冻死。

功能特效

龙眼主治气血不足、心悸不宁、健忘失眠、血虚萎黄等症。药用始载于《神农本草经》，性温，味甘，具有补益心脾、养血安神的功能。

荔枝

又名丹荔、丽枝、离支、火山荔、勒荔等。
无患子科荔枝属。

叶片呈披针形、卵
状披针形或长椭
圆状披针形

荔枝是我国本土水果。荔枝树为常绿乔木，树皮为灰
黑色，小枝呈圆柱状，褐红色，密生白色皮孔。花序顶
生，花梗纤细，萼被金黄色短茸毛，花丝长约4毫米，
子房密覆小瘤体和硬毛。果实呈圆形至近圆形，成
熟时表皮呈暗红色至鲜红色。果皮有多数鳞斑状突，
种子全部被肉质假种皮包裹。果肉半透明，呈嫩
白凝脂状，香甜味美，不耐储藏。

小枝呈褐红色，
生有白色皮孔

果实呈圆形至近圆形，
熟时呈暗红色至鲜红色

种子全部被肉质假
种皮包裹

营养档案

每100克荔枝中含：

能量	293 千焦
碳水化合物	16.6 克
膳食纤维	0.5 克
钠	1.7 毫克
镁	12 毫克
磷	24 毫克
钾	151 毫克
钙	2 毫克
维生素 C	41 毫克

果皮有多数鳞斑状突

果肉嫩白，呈凝脂状

分布区域

■ 在我国，以广东栽培最多，遍及全省80多个县市，面积和产量均
占全国的五成以上。福建和广西次之。四川、云南、重庆、浙江、
贵州、台湾等地也有少量栽培。

■ 广东茂名荔枝产量占全国的四分之一，是世界最大的荔枝生产基地。

■ 世界范围内，亚洲东南部有栽培；非洲、美洲、大洋洲有引种的
记录。

🌱 小贴士

1. 口腔溃疡患者、便秘患者、
慢性咽炎患者以及糖尿病患者
不宜食用荔枝。

2. 没有成熟的荔枝头部呈尖状，
且表皮上的"钉"比较密集，
挑选时需注意。

鉴别

水晶球

原产地为广东，果肉爽脆清甜，肉色透明，果核细小，是一个有数百年栽培历史的优良品种。

陈紫

为福建荔枝的优等品种，成熟时散发出阵阵幽香。宋代蔡襄在《荔枝谱》中记述："此品种初为陈氏八家所栽，果皮熟时紫红色，故名。"果实短卵圆形，龟裂片瘤状突起。肉厚板小，入口浆水四溅，甜中微酸。7月下旬成熟。

桂味

又名"桂枝"。果实呈圆形，果壳为浅红色，果肉黄白柔软饱满，核小，味甜。桂味有"全红"及"鸭头绿"两个品系，其中以"鸭头绿"为上品。"鸭头绿"与"全红"的区别在于"鸭头绿"成熟时，浅红色的果壳上有一个绿豆般大小的绿点。

白糖罂

又名"蜂糖罂"，为早熟品种，主要产区在广东茂名电白羊角镇。歪心形或短歪心形，中等大，单果平均重24.8 克。果皮薄，鲜红色，龟裂片大部分平滑，小部分微隆起。果肉乳白色，肉质爽脆，少汁，味清甜。

妃子笑

四川人称之"铊提"，核小，颜色青红，个大，味甜。

元红

又名"皱核"。果实为心形，果皮呈紫红色，果核细长，果肉厚实。

淮枝

又名"密叶""凤花""古凤""怀枝""槐枝"。果实为圆形或近圆形，蒂平。果壳厚韧，深红色，龟裂片大，稍微隆起或近于平坦，排列不规则，近蒂部偶有尖刺。果肉为乳白色，软清多汁，味甜带酸，核大而长，偶有小核。

三月红

因在农历三月下旬成熟，上市早，故名"三月红"，属最早熟品种，主产于广东的新会、中山、增城等地。果实为心形，上宽下尖。龟裂片大小不等。皮厚，淡红色。肉黄白，微韧，组织粗糙，核大，味酸带甜，食后有余渣。

你知道吗？

荔枝含有丰富的碳水化合物、蛋白质和维生素 C，有美容养颜的作用，还可提高人体免疫力。

荔枝营养丰富，有促进食欲、消肿止血、补虚益肺的效果。

知识典故

晚唐诗人杜牧曾作千古绝句："一骑红尘妃子笑，无人知是荔枝来。"

宋代大文豪苏轼在《通鉴唐纪》中也写道："此时荔枝自涪州致之，非岭南也。"

明代大理寺卿凌义渠曾作《枫亭荔枝》诗："不染烟霜肤更泽，独超尘劫气恒坚。根蟠苍兕疑掀地，焰发红云直透天。"

生长习性

喜高温高湿，喜光向阳。

其遗传性要求花芽分化期相对低温，但最低气温在2~4℃会遭受冻害。

梅

又名青梅、果梅、酸梅等。
蔷薇科李属。

叶片呈长圆倒卵形、
长椭圆形

　　梅树为落叶乔木，树皮呈青灰色，幼枝和嫩叶有密集的星状毛；叶片呈长圆倒卵形或长椭圆形，两面均无毛；花小，呈粉红或白色，于冬春寒冷季节盛开。核呈卵圆形或长圆形，有皱纹。果实近圆形，个大，皮薄肉厚，有光泽，肉质脆细，酸度高，食之酸甜爽口，多制成食品，深受人们喜爱。

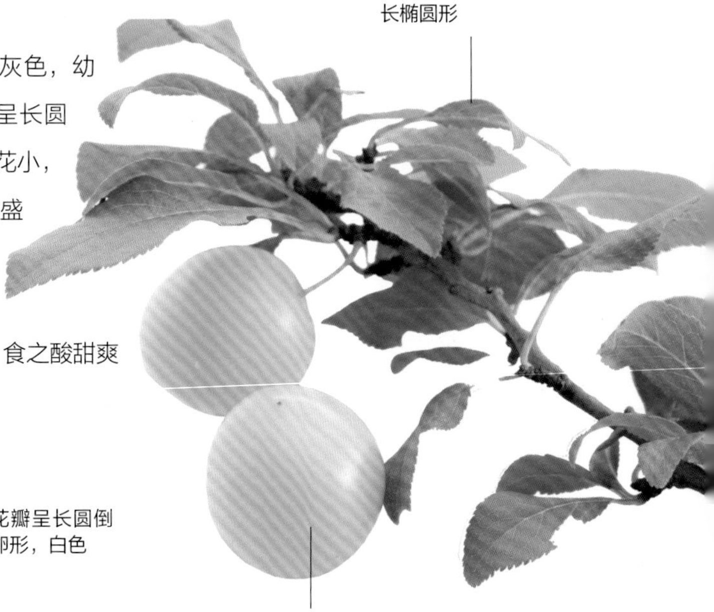

花瓣呈长圆倒
卵形，白色

果实近圆形，
个大，皮薄，
有光泽

果核卵圆形或长
圆形，有皱纹

分布区域

■梅树是亚热带特产果树，原产于我国。大多分布在广东、台湾、广西、福建、浙江、云南、江苏、安徽等地。

🍃小贴士

将梅制成话梅，置于通风干燥处，防潮防蛀，可以保存多年不变质。

鉴别

软枝大粒青梅
丰产、稳产，果实近圆形，大小较均匀。果大。果皮黄绿色，阳面淡红色。果肉细脆，味酸，无苦涩味。

青梅
果实为椭圆形，果皮呈浅青绿色，果肉呈淡黄色。果肉厚，核小，果肉细脆，香气醇厚，风味独特，酸中带甜。

你知道吗？

梅中含有多种有机酸、维生素、铜、钙、镁、钾和钠等营养物质。

胭脂梅
果实为椭圆形，果皮呈浅青绿色，成熟果呈黄色，向阳面具有红晕，呈淡赤褐色至深红色，果肉为淡黄色。平均单果重约 28 克，果肉厚而细脆，核小，香气醇厚，风味独特，酸中带甜。

知识典故

国家地理标志认证产品——云南青梅，产于素称"梅果之乡"的云南大理州洱源县。

生长习性

喜温暖，年平均气温在 12 ~ 23℃的地区均可栽培。

对土壤要求不严格，以土层较深厚、土质疏松、排水良好的土壤为宜。

营养档案

每 100 克梅中含：

能量	142 千焦
蛋白质	0.8 克
脂肪	0.2 克
碳水化合物	5.7 克
膳食纤维	1 克
磷	8 毫克
钾	149 毫克
镁	10 毫克
钙	14 毫克
铁	1 毫克
维生素 C	9 毫克

白粉梅
果实近圆形，大小较均匀，果皮呈黄绿色，朝阳面带有少量红晕，果面有白色茸毛。果肉细脆，风味浓酸。

杨梅

又名龙睛、朱红、树梅、山杨梅等。
杨梅科杨梅属。

杨梅树树皮呈灰色，老时会有
纵向的浅裂；树冠呈圆形，小枝及芽无
毛；叶片革质，无毛，密集分布于小枝上端；
雄花序单独或数条丛生于叶腋，雌花序常单
生于叶腋；每一雌花穗可以结出 1~2 个果实；
果实呈圆形，表面有乳头状凸起；外果皮为肉
质，汁液及树脂很多，味酸甜，成熟时为深红色或紫红色；
核常为阔椭圆形或圆卵形，略呈压扁状。

树皮呈灰色 ⎯

⎯ 叶革质，无毛

雄花序单独或数条丛生于叶
腋，雌花序常单生于叶腋

营养档案

每 100 克杨梅含：

能量	126 千焦
蛋白质	0.8 克
脂肪	0.2 克
钙	14 毫克
镁	10 毫克
磷	8 毫克
维生素 C	9 毫克

分布区域

■ 在我国，多分布于湖南、台湾等地，以及华东、华南、西南部分地区。

■ 世界范围内，东南亚地区均有分布，如印度、缅甸、越南、菲律宾等国；日本和韩国也有少量栽培。

🌿小贴士

1. 杨梅中有肉眼不易发觉的虫子，需要用盐水浸泡清洗后再食用。

2. 杨梅可加工成杨梅罐头、果酱、蜜饯、果汁、果干和果酒等。

鉴别

火炭梅　贵州的鲜食品种。果实呈扁圆形，果形较大，果实色泽鲜艳，品质好。

东魁　又名"东岙大杨""巨梅"，是国内外果型最大的杨梅品种。7月上旬成熟。果色紫红，甜酸适口，品质上等。产量高而稳定，适于鲜食。

你知道吗？

杨梅营养十分丰富，富含膳食纤维、矿物质、维生素、蛋白质、脂肪、果胶及 8 种对人体有益的氨基酸。经常食用，可以补充人体所需的营养物质。

安海硬丝　原产于福建安海，即"安海变硬肉柱杨梅"。果实呈正圆形，果面呈紫黑色，果肉为柱圆钝，长而较粗，果蒂有青绿色瘤状突起。口感较粗硬。极耐储运，是不可多得的适宜长途运输的品种。

生长习性

喜温暖湿润、多云雾气候，不耐强光，不耐寒。
喜酸性土壤。

荸荠种　产于浙江的兰溪马涧镇、余姚、慈溪、仙居等地，为当前我国分布最广、种植面积最大的品种，也是当前国内最佳的鲜果兼加工优良品种。果实呈紫黑色，果形较小，核小。

西瓜

又名夏瓜、寒瓜、青门绿玉房、水瓜。
葫芦科西瓜属。

西瓜是有名的夏季水果。果实有圆形、卵形、椭圆形、圆筒形等。果面平滑或具棱沟，果皮色泽及纹饰各式，有绿白、绿、深绿、墨绿、黑色，间有细网纹或条带。果肉有乳白、淡黄、深黄、淡红、大红等色。种子扁平、卵圆或长卵圆形，平滑或有裂纹，种皮有白、浅褐、褐、黑或棕色。西瓜果肉味甜多汁，口感极佳，乃去暑圣品。

果肉有淡黄、深黄、
淡红、大红等色

花冠呈黄色或白色

果实有圆形、卵形、椭圆形、圆筒形等

营养档案	
每100克西瓜中含：	
能量	134 千焦
蛋白质	0.6 克
碳水化合物	5.8 克
膳食纤维	0.3 克
钠	3.2 毫克
镁	8 毫克
磷	9 毫克
钾	87 毫克
钙	8 毫克
铁	0.3 毫克
烟酸	0.2 毫克

种子为扁平形、卵圆形或长卵圆形

分布区域

■原产地据考证可能为非洲，金、元朝时始传入我国。我国各地均有栽培，品种甚多，以新疆及甘肃兰州、山东德州、江苏溧阳等地最为有名。

■全世界温、热带地区广泛栽培。

 小贴士

1. 脾胃虚寒、腹泻患者不宜食用。老人与孩子也要少食。

2. 完整的西瓜可以在冰箱中保存15天左右，切开的西瓜保存时间不宜超过1小时。

鉴别

🔊 **早春红玉**
是杂交一代极早熟小型红瓤西瓜。春季种植，5 月收获，坐果后 35 天成熟。夏秋种植，9 月收获，坐果后25天成熟。该品种外观为长椭圆形，绿底条纹清晰，瓤色鲜红，肉质脆嫩爽口，保鲜时间长。

🔊 **乐宝**
圆形，果皮深墨绿色。

🔊 **特小凤瓜**
果实呈圆形至微长圆形，果重 1.5~2 千克，外观小巧优美，果形整齐，果皮极薄。肉色晶黄，肉质细嫩爽脆，甜而多汁，纤维少，甜度均匀，品质特优。种子极少，果皮韧度差。

🔊 **京雪**
中早熟，白瓤特色西瓜杂种一代。绿底，覆盖有墨绿条带。白瓤，种子部位常出现黄色。果肉质地好，酥脆爽口，含糖量较高。适合制成水果拼盘。

🔊 **蜜宝**
果实呈圆形，果皮是深绿色的，瓤为红色，肉质脆甜多汁，质地绵密，口感很好。

🔊 **无籽西瓜**
外形与普通西瓜差别不大，圆形，瓜瓤内没有种子。

🔊 **郑抗1号**
早熟。果实呈椭圆形，绿色果皮上覆有深墨绿宽条带。大红瓤，肉质细嫩多汁，品质极佳。平均单瓜重 6~8 千克。皮薄而韧，耐贮运。

🔊 **郑抗2号**
果实呈椭圆形，绿皮网纹大红瓤，肉质脆沙，品质佳。果形大，皮薄而韧。

你知道吗？

西瓜含有丰富的葡萄糖、苹果酸、果糖、蛋白质、氨基酸、番茄红素及维生素 C 等营养物质，食用价值很高。

西瓜含有碳水化合物，有利尿、清热解暑、生津止渴、预防便秘的效果。

挑选西瓜的时候可以轻轻敲打瓜皮，声音清脆有震动感的是成熟的瓜。

生长习性

喜温暖、干燥，不耐寒。

耐旱不耐湿，需要较大的昼夜温差。

喜光照，生育期长，需要大量养分，随着植株的生长，需肥量逐渐增加。

适应性强，喜弱酸性土质，以土质疏松、土层深厚、排水良好的沙壤土最佳。

香瓜

又名甜瓜、果瓜、甘瓜等。
葫芦科黄瓜属。

果肉呈白色、黄色
或绿色

　　一年生匍匐或攀缘草本植物。茎、枝有棱，有糙硬毛和疣状突起；卷须纤细，被柔毛；叶片厚纸质，粗糙，长、宽均 8 ~ 15 厘米，被白色糙硬毛，有锯齿；花冠呈黄色，花梗粗糙被柔毛；果皮平滑，有纵沟纹或斑纹；种子呈污白色或黄白色，先端尖基部钝，表面光滑无边缘。

　　香瓜果实的形状、颜色因品种而异，可分为单色和复色，单色有金黄、橙黄、褐黄、黄、白、绿、灰绿、墨绿等；复色有黄带白道、绿带墨绿条斑等。果肉白色、黄色或绿色，果脆味甜，是世界十大水果之一。

果实通常为圆形或
长椭圆形

叶片厚纸质，粗糙

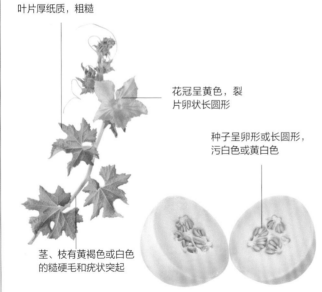

花冠呈黄色，裂
片卵状长圆形

种子呈卵形或长圆形，
污白色或黄白色

茎、枝有黄褐色或白色
的糙硬毛和疣状突起

营养档案

每 100 克香瓜中含：

能量……………109 千焦

蛋白质……………0.4 克

脂肪……………0.1 克

碳水化合物………6.2 克

膳食纤维…………0.4 克

钠 ……………9 毫克

镁 ……………11 毫克

磷 ……………17 毫克

钾 ……………139 毫克

钙 ……………14 毫克

分布区域

■原产于非洲热带沙漠地区，约在北魏时期传入我国，于明朝开始广泛种植。我国各地广泛栽培。

■世界范围内，在温、热带地区广泛栽培。

🌿小贴士

1. 香瓜以鲜食为主。

2.香瓜可制作果干、果脯、果汁、果酱及腌渍品等。

鉴别

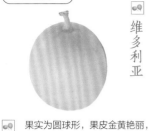

维多利亚

果实呈正圆形，皮色金黄美观，果肉雪白，香味浓郁，风味佳良，耐贮运。平均单瓜重1千克。适宜制成沙拉食用。

郑甜1号

果实为圆球形，果皮金黄艳丽，果肉雪白，肉质细腻、多汁，味香甜，果皮较韧，耐贮运。

豫甜蜜

果皮是黄色的，透着微白的光芒，早熟，果实呈椭圆形，香味特别浓郁。

丰甜2号

早熟，果实呈圆形，成熟果为金黄色，果肉为白色至淡绿色，肉质细嫩，香味浓。

中甜3号

果实为高圆形，果皮光亮金黄。果肉呈浅绿色至白色，肉厚4~5厘米，肉质松软爽口，香味浓郁。

嘉蜜洋

果实椭圆形，果皮呈乳白色，较粗糙，略有稀疏网纹。果肉橙红色，肉厚3.2厘米，肉质脆爽。

橙露

新类型的高级温室网纹橙肉品种。果实为高圆形，网纹粗美。果皮呈灰白绿色，果肉橙色，肉质柔软细嫩。

迎春

又名"黄皮大王"，是河北农业大学培育的厚皮甜瓜杂交一代种。属大果型、早熟品种，全生育期长90天左右。果实呈圆形，果皮光滑，深金黄色，美观、艳丽，果肉厚约4厘米，种腔小，果肉呈蜜白色，细嫩多汁，甘甜芳香。

美味食谱

香瓜奶昔

1. 准备香瓜1个，牛奶、蜂蜜各适量。

2. 将香瓜去皮、切块，和牛奶一起倒入破壁机中搅打。

3. 打至浓稠，倒出，淋入少许蜂蜜即可食用。

你知道吗？

香瓜营养丰富，含有蛋白质、碳水化合物、胡萝卜素、维生素 B_1、维生素 B_2、烟酸、钙、磷和铁等营养物质。

生长习性

喜温、喜光，要求有充足的光照和较高的温度，结瓜期尤甚。

需要较大的昼夜温差，白天高温烈日，夜间低温。

厚皮甜瓜不耐过高的土壤和空气湿度。

哈密瓜

又名甘瓜、网纹瓜、雪瓜。
葫芦科黄瓜属。

叶片近圆形或肾形,粗糙

哈密瓜被称为"瓜中之王"。其茎、枝有棱,有糙硬毛和疣状突起。卷须纤细,被微柔毛。叶柄具槽沟及短刚毛,叶片厚纸质,边缘有锯齿,具掌状脉。种子呈披针形或长扁圆形。果皮呈网纹或光皮,色泽有绿、黄白等,果肉颜色有白、绿、橘红。哈密瓜按成熟期不同,分早熟、中熟和晚熟品种。早熟品种皮薄肉细,香味浓郁;中熟品种红心香脆多汁、肉厚细腻、清香爽口;晚熟品种瓜肉呈淡青色,储藏后肉质由脆硬逐渐变得绵软多汁,甜爽醇香。

花冠呈黄色,裂片卵状长圆形

种子呈披针形或长扁圆形,分黄、灰白或褐红等色

果肉有白色、绿色、橘红色

果皮呈网纹或光皮,有绿色、黄白等色

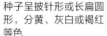

果实形状有椭圆、卵圆、纺锤、长棒形

营养档案

每 100 克哈密瓜中含:

能量	142 千焦
蛋白质	0.5 克
碳水化合物	7.7 克
钠	26.7 毫克
镁	19 毫克
磷	19 毫克
钙	4 毫克
钾	190 毫克
维生素 C	35 毫克

🌱小贴士

1. 糖尿病患者、产妇、肾衰患者不宜食用哈密瓜。

2. 哈密瓜有保护视网膜、调节神经的功能,还有降低血液黏稠度、缓解焦虑等功效。

分布区域

■主要产于降雨量小、昼夜温差大的新疆哈密、吐鲁番、鄯善等地。

哈密瓜

鉴别

金蜜宝
果实为椭圆形，果皮充分成熟后为金黄色，光滑或有极少量的较细网纹，易形成离层脱落，瓜脐直径约 1 厘米。果肉橙色，肉厚约 3.2 厘米，肉质结实，味浓香，品质风味优良。单果重为1.25~1.5 千克。

洋香瓜
瓜形为椭圆，果皮呈淡黄白色，网纹细美，外观秀丽。果肉纯白色，肉厚，肉质柔软细嫩，入口即化，甘甜多汁，香气纯正。

网纹瓜
果实圆形，顶部有新鲜绿色果藤。果皮翠绿，带有灰色或黄色条纹，酷似网状，故名"网纹瓜"。果肉黄绿色或橘红色，口感似香梨，脆甜爽口，散发出清淡怡人的混合香气。

豫甜香
是新育成的早熟网纹哈密瓜品种，糖度超过 18%，瓤质脆嫩，单瓜重 1.5~2.5 千克，外形美观。该品种的选育，填补了中原地区没有合适哈密瓜品种种植的空白。

卡拉克赛
果实长椭圆形，单瓜重 5~6 千克，正宗品种果面呈墨绿色，亮而光，无网纹。果皮薄而硬韧，果肉橘红色，肉厚 4.5 厘米，肉质细脆，紧松适中，清甜爽口，汁液中等，风味居上。

早黄蜜宝
长椭圆形，果形整齐，纵径27.3 厘米左右，横径 15.4厘米左右，果皮黄底，有较不明显的绿断条，网纹细密均匀，果皮厚约 0.6 厘米。果肉浅橙色，肉质松脆，有清香味，口感较好。

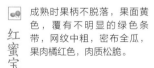

香妃瓜
早生，适合各地栽培，为新疆"红心脆"改良品种，保持了"红心脆"肉质脆嫩品质。果实呈纺锤形，果皮呈黄绿色，果面有稀疏网纹。

红蜜宝
成熟时果柄不脱落，果面黄色，覆有不明显的绿色条带，网纹中粗，密布全瓜，果肉橘红色，肉质松脆。

知识典故

哈密瓜是我国国家地理标志产品，新疆维吾尔自治区哈密地区特产。

据历史文献记载，早在公元前2 世纪，哈密瓜已在敦煌栽培。

清末诗人萧雄在《西疆杂述诗》中描述："圆而长，两头微锐，皮多，或间青花成条，隐若有瓣，按之甚软，剖则去瓤食肉，多橘红色，香柔如泥，甜在蔗蜜之间，爽而不腻，惟止渴较逊。"

你知道吗？

哈密瓜不但口味香甜，营养价值也很高，含有碳水化合物、膳食纤维、苹果酸、果胶、多种维生素、钙、磷、铁等营养物质。

挑选哈密瓜的时候可以拿起来闻一闻，味道香甜的适合购买，有异味、腐败气味的则不宜购买。

生长习性

喜充足的阳光和较大的昼夜温差。

喜温度高、日照长的地区。

土壤含沙量大、略带碱性更适宜哈密瓜生长。

甘蔗

又名薯蔗、糖蔗、黄皮果蔗。
禾本科甘蔗属。

秆直立，粗壮，
表面有白粉

甘蔗是温带和亚热带农作物，属于一年生或多年生宿根草本植物；叶子丛生，叶片有白色中脉；大型圆锥花序顶生，小穗基部有银色长毛；根状茎粗壮发达，茎似竹子，但里面充实，秆直立，粗壮多汁，外表面被有白色蜡粉，根下的节密，往上渐疏，有紫、红或黄绿色等，为主要食用部位。甘蔗根部的糖分最浓，味甜多汁。甘蔗是制造蔗糖的原料，且可提炼乙醇作为能源替代品。

甘蔗根部的糖分最高

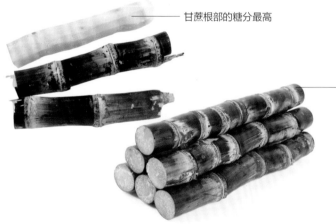

茎似竹而内充实，根下节密，往上渐疏

分布区域

■甘蔗原产地为新几内亚或印度，后来传播到南洋群岛，大约在周朝时传入我国南方。主要分布在我国华东、华南、西南部分地区和台湾等地。

■世界产区主要分布在热带及亚热带地区。巴西种植面积最大，其次是印度，我国位居第三，泰国、古巴、墨西哥、美国、澳大利亚等国家的种植面积也很大。

🌿小贴士

1. 果蔗是专供鲜食的甘蔗，具有纤维少、茎脆、糖分适中、汁多味美、口感好以及茎粗、节长、茎形美观等特点。

2. 糖蔗含糖量较高，是用来制糖的原料。

3. 糖蔗因为口感较差，皮硬纤维粗，一般不会用于市售鲜食。

鉴别

黄甘蔗
又名黄皮甘蔗，属果蔗。秆细而节短，外皮呈黄色，汁多清甜，脆嫩爽口。

紫皮甘蔗
属果蔗。果皮为紫皮，果肉松脆，渣少汁多。多作为水果食用。主产于江西省宜春市上高县。

你知道吗？

甘蔗含有丰富的碳水化合物和水分，可以生津止渴，还含有各种维生素、脂肪、蛋白质、有机酸、钙、铁等营养物质，对人体很有益处。

榨去汁的甘蔗渣中，含有对小鼠艾氏癌和S180肉瘤有抑制作用的多糖类。

甘蔗除了鲜食之外，还可以榨汁、熬煮蔗糖。

红甘蔗
茎秆表皮为墨红色，节多明显。内皮维管束为淡黄色，水分多，糖度较低，茎粗皮脆。茎肉富含纤维质，多汁液，清甜嫩脆，食之不腻。

营养档案

每100克甘蔗中含：

能量	268 千焦
脂肪	0.1 克
碳水化合物	15.4 克
钾	95 毫克
镁	4 毫克
钙	14 毫克
铁	0.4 毫克
锌	1 毫克
铜	0.14 毫克
锰	0.80 毫克

黑果蔗
即黑皮果蔗，又名"拔地拉"。表皮呈紫黑色，含糖量17%左右，口感好。用途广泛，销售极畅，既可作水果生食，又是加工蔗汁饮料、冰糖、味精等食品的好原料。

生长习性

喜温、喜光。
土壤的适应性比较强，以壤土较好。

椰子

又名胥余、越王头、椰瓢、大椰等。
棕榈科椰子属。

果实呈圆形或近圆形，顶端有三棱

植株为乔木，高大，茎粗壮，环状叶痕，基部增粗，常有簇生的小根，叶柄粗壮。花果期主要在秋季，花序腋生。果实呈卵圆形或近圆形，果腔含有果肉、种仁和汁液，为主要食用部位。外果皮薄，中果皮厚纤维质，内果皮坚硬木质。椰果清香，椰汁醇厚味浓，极为爽口。

叶片羽状全裂，外向折叠

果腔含有胚乳、胚和汁液

茎粗壮，有环状叶痕

营养丰富的椰子汁

茎基部渐粗，有簇生的小根

分布区域

■椰子的原产地说法不一，可能在亚洲东南部、印度尼西亚至太平洋群岛。

■在我国，主要分布于海南、台湾南部、广东雷州半岛、云南西双版纳等地区。

■世界范围内，主要分布于亚洲、非洲、拉丁美洲，以赤道滨海地区最多。主要产区为印度、菲律宾、马来西亚、斯里兰卡等国。

 小贴士

椰汁宜即时取新鲜的食用，不宜存放过久，否则容易变味。

椰子

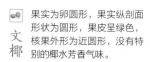

红矮椰 果实为长圆形，果实纵剖面形状为圆形，果皮为橙红色，核果外形为近圆，没有特别的椰水芳香气味。

文椰 果实为卵圆形，果实纵剖面形状为圆形，果皮呈绿色，核果外形为近圆形，没有特别的椰水芳香气味。

小黄椰 果实为卵圆形，果皮呈棕黄色，核果外形为近圆形，没有特别的椰水芳香气味。

香水椰子 产量高，果皮绿色，果皮和种壳较薄，椰水和椰肉品质较佳。

营养档案

每 100 克椰子中含：

能量……………… 967 千焦

蛋白质………………… 4 克

脂肪……………… 12.1 克

饱和脂肪酸……… 8.5 克

多不饱和脂肪酸… 0.3 克

单不饱和脂肪酸… 0.9 克

碳水化合物……… 31.3 克

膳食纤维………… 4.7 克

烟酸…………… 0.5 毫克

维生素 C………… 6 毫克

生长习性

为热带喜光作物。

在高温、多雨、阳光充足和海风吹拂的条件下生长发育良好。

适宜的土壤是海淀冲积土和河岸冲积土。

你知道吗？

椰子含有丰富的 B 族维生素、维生素 C、氨基酸和复合多糖物质；椰子汁富含蛋白质、脂肪和多种维生素，可以促进细胞再生长。

火龙果

又名红龙果、龙珠果、青龙果、仙蜜果、玉龙果。
仙人掌科量天尺属。

攀缘肉质灌木，叶片棱边缘呈波状或圆齿状，呈
深绿色至淡蓝绿色。花为漏斗状，花柱呈黄白
色，于夜间开放，浆果红色。果实呈圆形或
长圆形，表皮红色，果肉白色或红色，
有近万粒具有香味的芝麻状的黑色
种子。7 ~ 12 月开花结果。

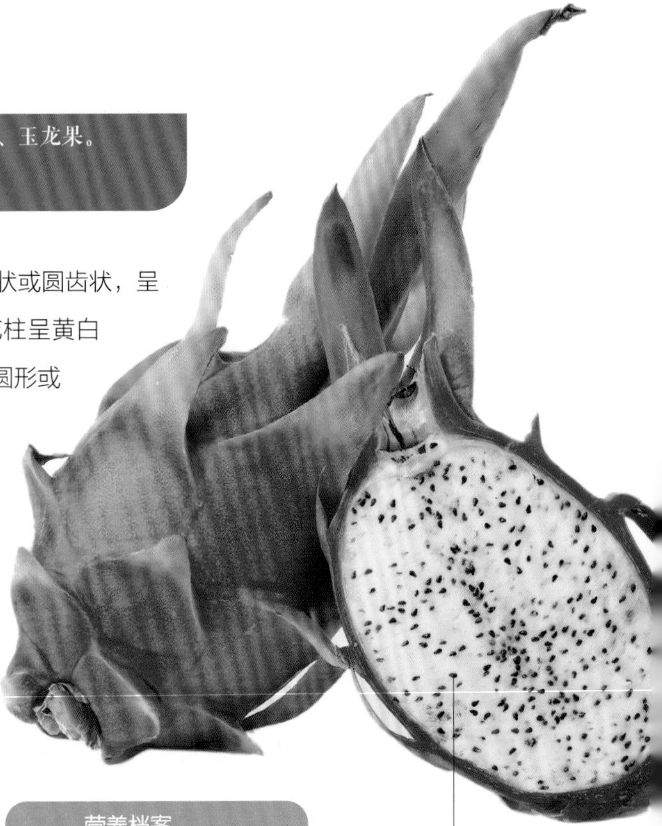

花瓣倒披针形，纯白色

果肉呈白色或红色，
有芝麻状种子

营养档案

每 100 克火龙果中含：

能量	209 千焦
蛋白质	1.4 克
脂肪	0.3 克
碳水化合物	11.8 克
膳食纤维	1.9 克

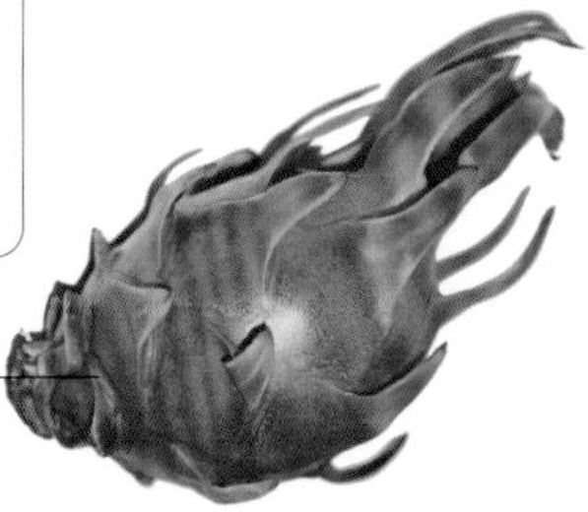

果实呈长圆形或卵
圆形，表皮红色，
果皮厚，蜡质，有
鳞片

🌿 小贴士

1. 火龙果具有抗氧化、抗衰老、
润肠通便、排毒护胃的功效。

2. 火龙果最好不要和牛奶一起
食用。

3. 腹泻患者、女性经期不宜食
用火龙果。

分布区域

■原产地为北美洲的美国迈阿密，中美洲的伯利兹、哥斯达黎加、危
地马拉、巴拿马、古巴，南美洲的厄瓜多尔、哥伦比亚等地有栽培。
■我国福建、广东、广西、海南等地均有种植。

鉴别

黄龙果
是火龙果品种中极为珍贵的品种，其果皮果肉为黄皮白肉，未熟果为绿色；果皮上有长而尖的利刺，全熟后，细刺会脱落。果实糖分贮存充足，且果实长得慢，果肉细致无比，略带香味，为火龙果家族中之极品。

玉龙果
果实长圆形或卵圆形，表皮红色，果皮厚有蜡质。果肉白色，有很多具香味的芝麻状种子，故又称为"芝麻果"。

红龙果
果实呈圆形或长圆形，皮鲜红，有鳞片，紫红色。高温期成熟的果生长期短，开花后约 35 天成熟，单果重较小；下半年结的果生长期长，开花后 40~50 天成熟。单果较大，肉色呈紫红色，果香味浓重，软滑细腻多汁。

黑龙果
植株枝条刺少，生长快速，自花授粉，花和果实呈黑色状，成熟后转暗红，果皮薄、光滑，皮上鳞片少而短，耐装运。

红水晶
红皮红肉型，果呈圆形，肉呈水晶红。

黄金麒麟
果皮为金黄色，果形较小，是目前市场上少有的新品种。

巨龙果
植株枝条粗大，表皮布满粉状物，生长快速，果实超大。

长龙果
果实呈长圆筒形，上有肉质叶状绿色鳞片，鳞片边缘呈紫红色。果肉细腻而多汁，果皮薄，易剥离。

你知道吗？

火龙果含有丰富的铁、磷、镁、钾、维生素 C、胡萝卜素、果糖和葡萄糖等，是低能量、高纤维的水果，水溶性膳食纤维含量非常高。它还含有特有的植物性蛋白和花青素，对人体非常有益。

如何挑选火龙果？

火龙果表面红色的地方越红越好，绿色的部分也是越绿的越新鲜，绿色部分枯黄就表示不新鲜了。

火龙果越重代表密度越大，说明汁多，果肉丰满。

生长习性

为热带、亚热带水果。

喜光喜肥，耐阴耐瘠，耐热耐旱，在温暖湿润、光照丰沛的环境下生长迅速。

对土壤要求不高，但以含腐殖质多、水土肥沃的中性土壤和弱酸性土壤最为适宜。

春夏季应多浇水，在阴雨天及时排水，其茎贴在岩石上亦可生长。

蔬 菜

蔬菜是人们日常饮食中必不可少的食物之一，含有多种膳食纤维，可以提供人体必需的多种维生素和矿物质等营养物质。据联合国粮农组织统计，蔬菜能够提供人体所必需的维生素 C 含量的 90%、维生素 A 含量的 60%。此外，蔬菜中还有很多其他的营养物质，这些营养物质都是公认对人体健康有益的成分，可有效预防慢性病、退行性疾病。

荸荠

又名马蹄、水栗、芍、凫茈、乌芋、菩荠、地梨等。
莎草科荸荠属。

植株根状茎瘦长，秆多数，丛生，灰绿色，细长笔直，光滑无毛，有横隔膜；花柱狭长呈三角形，基部扁，具有不明显的环，色泽较淡。小坚果呈倒卵形，扁双凸状，平滑，颜色为黄色，表面细胞呈四角形、五角形或六角形，肉呈白色。感清甜、香脆，汁水多，嚼后有残渣。

球茎具有清热止渴、利湿化痰、调节血压的功效

根状茎为主要食用部位，扁圆形，皮赤褐色或黑褐色

肉白色，可食

分布区域

■最早发现于吕宋岛。

■世界范围内分布于我国、日本、印度，以及琉球群岛、南洋岛等地。

■我国分布在江苏、广东、海南、台湾等地。

小贴士

1. 荸荠以地下膨大的球茎供人们食用。可以生食、熟食或做菜。

2. 荸荠尤适于制作罐头，被称为"清水马蹄"，是菜馆的主要佐料之一。

3. 荸荠粉性寒滑，味甘凉，能益气安中，与藕及菱粉并称为"淀粉三魁"。

4. 荸荠的外皮和内部可能会附着寄生虫，一定要清洗干净煮透之后再食用。

鉴别

水马蹄　广东地方品种。球茎呈扁圆形，顶芽较尖长，皮呈黑褐色，肉白色。淀粉含量高，可熟食或制作淀粉。耐湿不耐储藏。

桂林马蹄　成熟时球茎皮色由白色转变成黄棕色至红褐色。顶芽粗壮，两边常有侧芽并立。颗粒大，皮薄，肉厚，色鲜，味甜，清脆，渣少，较大的每个重 35 克左右。

团风荠　球茎皮薄，棕红色，扁圆形，肉白，甜脆，少渣，脐部平且开裂少。

孝感荠　湖北孝感的地方品种。球茎扁圆，皮薄，亮红色，味甜，质细渣少，品质好。以鲜食为主。

营养档案

每 100 克荸荠中含：

能量	247 千焦
蛋白质	1.2 克
碳水化合物	13.1 克
钠	15.7 毫克
镁	12 毫克
磷	45 毫克
钾	306 毫克
钙	4 毫克
铁	0.7 毫克
铜	0.07 毫克
锌	0.4 毫克
烟酸	0.7 毫克
维生素 C	7 毫克

你知道吗？

荸荠中磷的含量很高，可以促进人体内碳水化合物、脂肪、蛋白质三大物质的代谢。

荸荠性寒，有清热生津的功效。

荸荠地上部位的管状叶状茎具有止渴、解热等功效。

美味食谱

荸荠肉丸

1. 准备猪前胛肉 250 克，鸡蛋 1 个，荸荠 8 个，淀粉、白糖、酱油各适量。

2. 将猪肉搅打成馅；荸荠去皮，切成末，小葱切末。

3. 猪肉馅加入鸡蛋、淀粉、白糖及酱油和适合自己口味的调料，多次少量地加水不停搅打，直到没有多余水分，倒入葱末和荸荠末，顺着一个方向和匀。

4. 用手将肉馅挤成丸子，在热水中煮熟即可。

生长习性

喜温湿，怕冻，常生长在浅水田中，适宜生长在耕层松软、底土坚实的土壤中。

菱角

又名腰菱、水栗、菱实、水菱、风菱、乌菱、菱实、菱等。
菱科菱属。

　　一年生草本水生植物菱的果实，具有水平开展的
2 个肩角，无或有倒刺，先端向下弯曲，两角间距
7~8 厘米，呈弯牛角形。果表皮幼时呈紫红色，
老熟时为紫黑色。果喙不明显，果梗粗壮有关节。
种子为白色，呈元宝形。两角钝，有白色粉质。菱
角蒸煮后可剥壳食用，皮脆肉美，亦可熬粥食用。

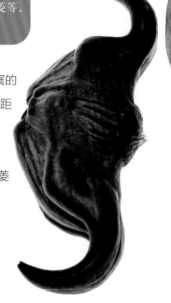

果实2个肩角水平
开展，无或有倒刺

果表皮幼时呈紫红
色，老熟时为紫黑色

果实先端向下弯曲，
呈弯牛角形

分布区域

■ 原产于欧洲和亚洲的温暖地区，只有我国和印度重点栽培利用。

■ 全世界栽培区域有俄罗斯、日本、越南、老挝等地。

■ 我国长江中上游地区，陕西南部，湖南、广东、台湾等地，以及
华东大部分水域均有人工栽培。在山东、河北、河南等地的湖泊、
河沟等水域中有野生品种。

🌿小贴士

1. 菱角味甘、凉、无毒，具有
利尿通乳、止渴、解酒毒的功效。

2. 菱秧洗净切碎剁成泥，辅以
肉馅可制成包子。

鉴别

扒菱 属于晚熟品种，果形比较大。皮为暗绿色，两角粗长向下弯。品质较好，含淀粉多。成熟时果实不易脱落。

蝙蝠菱 为早熟品种，产于南京附近。果形中等，两角平伸，先端较钝。可生食作水果，煮熟可作蔬菜。

五月菱 产于广州市郊，为早熟品种。两角平伸，尖端略弯，皮薄肉厚，含水多。宜生食。

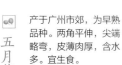

你知道吗？

幼嫩时可当水果生食，菱肉含有淀粉、蛋白质、葡萄糖、不饱和脂肪酸及多种维生素，食用价值很高。

老年人常食菱角有益健康。

据近代药理实验报道，菱角具有很好的保健作用。

营养档案

每100克菱角中含：

能量	423 千焦
蛋白质	4.5 克
碳水化合物	21.4 克
膳食纤维	1.7 克
钠	5.8 毫克
镁	49 毫克
磷	93 毫克
钾	437 毫克
钙	7 毫克
锰	0.38 毫克
铁	0.6 毫克
铜	0.18 毫克
锌	0.62 毫克
烟酸	1.5 毫克
维生素 C	13 毫克

小白菱 为中晚熟品种。果形较小，皮为绿白色。肩角略向上斜伸，腰角细长下弯，腹部稍隆起。肉质较硬，含淀粉多。宜熟食。

生长习性

一般生长于温带气候的湿泥地中。

喜温，气候不宜过冷，最佳温度25~36℃。

水深不低于60毫米。

菜心

又名白菜薹、芸菜薹等。
十字花科芸薹属。

根系浅，抽薹前茎短缩，叶缘呈波状，叶片绿或黄绿，叶柄浅绿；抽生的花茎为食用部位，横切面圆形，呈黄绿或绿色，花茎叶较小，花茎下部的花茎叶叶柄短，上部的无叶柄，顶部有黄色花朵，味道甜中带些微苦。

你知道吗？

菜心中含有胡萝卜素、维生素A、维生素C、维生素E、蛋白质、膳食纤维、钾、钙、钠、磷、镁、铁、硒、锰、铜和锌等营养物质，可帮助增强机体免疫力。

花为黄色，4瓣，为典型的"十"字形

茎直立，分枝较少，株高30~90厘米

长角果，条形

叶互生，基生叶匍匐生长，呈椭圆形

🌱小贴士

1. 挑选菜心时要注意梗不要太粗，不要太长，脆嫩的为最佳选择。

2. 菜心嫩茎叶可以炒、烧、焖、扒，还可以当作配料。

分布区域

■原是我国南方地区特产的蔬菜，现全国各地均有栽培。

菜心

四九菜心 为广州地方品种。黄绿色叶为长椭圆形，叶柄呈浅绿色。耐热、耐湿抗病，适于高温多雨季节栽培。

青柳叶菜心 植株直立，青绿色叶片为长卵形，叶柄呈浅绿色，成熟之后不见黄花。品质优良，含膳食纤维，常食对肠胃蠕动有好处。

大花球菜心 叶片呈长卵形或宽卵形，粗壮的梗分叉出叶茎，不像其他品种分株多。子叶攀附在梗上，叶多，中心延伸出唯一一朵黄花，被绿叶紧紧包裹。

柳叶晚菜心 为广西柳州地方品种，腋芽萌发力强，梗比较细，顶上黄花比较少，呈细长状。

一刀齐菜心 叶片呈卵圆形，叶面平滑，无茸毛。浅绿色叶柄细长。品质佳，纤维少，质地嫩脆，像刀切的一般，十分齐整。

三月青菜心 为广州地方品种。该品种所含的钙、磷元素比较高，梗茎有粗有细，但相较其他品种不会太粗，叶顶不见黄花。

紫菜薹 是武汉的名产，状如油菜，茎为独特的紫红色，有些开黄色小花，烹之鲜嫩美味。

萧岗菜心 为广州地方品种。黄绿色叶片为长卵形，分株均匀，一株上有4～6片叶子，花比较少，品质优良。

每100克菜心中含：

能量……………… 117 千焦

蛋白质 ……………2.8 克

脂肪………………0.4 克

碳水化合物 ………4 克

膳食纤维…………1.7 克

美味食谱

清炒菜心

1. 将新鲜的菜心清洗干净，准备两瓣蒜，切成蒜粒。

2. 热锅冷油，待油温升高后倒入蒜粒呛香，放入菜心翻炒。

3. 加入盐、鸡精调味，炒熟即可装盘。

生长习性

喜温暖环境。

要求生长在土层深厚、肥沃、水分适宜的土壤中。

以弱酸或中性土壤最为适宜。

菠菜

又名菠棱菜、鹦鹉菜、红根菜、飞龙菜、波斯草等。苋科菠菜属。

根呈圆锥状，带红色，茎直立，中空，脆弱多汁，叶戟为鲜绿色，全缘或有少数牙齿状裂片，呈鲜绿色，稍有光泽，柔嫩多汁。以食叶为主，茎亦可食。因菠菜叶子翠绿、根部紫红，就像一只鹦鹉，故又有一个很雅致的别名——红嘴绿鹦哥。

叶戟形至卵形，呈鲜绿色，有光泽

根呈圆锥状，带红色

营养档案

每100克菠菜中含：

能量	117 千焦
蛋白质	2.6 克
脂肪	0.3 克
碳水化合物	4.5 克
膳食纤维	1.7 克
钠	85 毫克
镁	58 毫克
磷	47 毫克
钾	311 毫克
钙	66 毫克
铁	2.9 毫克
维生素 C	32 毫克

🌿 小贴士

1.挑选菠菜的时候要注意色泽，比较鲜亮、浓绿色且根部是红色的为佳，如茎部有损坏、不完整的不要购买。

2.可将菠菜用报纸包好，放在有小孔的袋子中，放在冰箱里保存。

3.菠菜中含草酸比较多，会阻碍人体对钙和铁的吸收，所以吃菠菜之前应先焯水。

分布区域

■原产于波斯（伊朗），在唐代时传入我国，现全国各地均有分布。

■现遍布于世界的各个角落，各国均有栽培。

鉴别

尖叶菠菜
叶片呈箭形，基部宽，先端尖。水分少，微甜，品质好，在冬天的时候用来涮火锅最佳。

荷兰菠菜K4
早熟，耐寒，耐抽薹。叶片大，叶子直立，可春种也可秋种。适宜于消化不良患者食之。

夏翠菠菜
长势旺盛，生长速度快，耐热性突出。叶绿色，叶片大，叶柄较长，叶肉较厚，纤维少，品质佳。

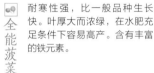

全能菠菜
耐寒性强，比一般品种生长快。叶厚大而浓绿，在水肥充足条件下容易高产。含有丰富的铁元素。

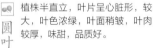

圆叶菠菜
植株半直立，叶片呈心脏形，较大，叶色浓绿，叶面稍皱，叶肉较厚，味甜，品质好。

日本超能菠菜
植株半直立，簇生叶较大、呈阔箭头形，叶肉肥厚、叶子多，纤维比较少，品质好。

知识典故

《唐会要》记载，菠菜种子是唐太宗时从尼泊尔作为贡品传入我国的。

你知道吗？

菠菜富含类胡萝卜素、维生素C、维生素K、矿物质等营养素，有"营养模范生"之称。经常食用可以促进人体健康，预防缺铁性贫血。

菠菜汁可以作为食用染色，和面粉一起可以做成绿色的面条、饺子皮等，又美观又有营养。

古籍名医录

《本经逢原》："凡蔬菜皆能疏利肠胃，而菠菜冷滑尤甚。"

《本草从新》："菠菜，古《本草》皆言其冷，今人历试之，但见其热，不觉其冷。"

《本草求真》："菠菜，何书皆言能利肠胃。盖因滑则通窍，菠菜质滑而利，凡人久病大便不通，及痔漏关塞之人，咸宜用之。又言能解热毒，酒毒。"

《随息居饮食谱》："菠菜，开胸膈，通肠胃，润燥活血，大便涩滞及患痔人宜食之。根味尤美，秋种者良。"

生长习性

以疏松肥沃、排灌条件良好的土壤为宜。不耐酸，适宜pH 7.3~8.2的土壤。

白菜

又名菘、黄芽菜、结球白菜。
十字花科芸薹属。

浅根性，须根发达。短缩茎上着生莲座叶，为食用部分。全株无毛，叶形为倒卵形，叶面光滑或有皱缩，顶端圆钝，边缘皱缩为波状，叶柄扁平呈白色。花呈鲜黄色，呈"十"字形排列，种子为红褐或黄褐色。外形包圆，颜色像翡翠一般白绿。营养丰富，在全国各地都有栽培，有"百菜不如白菜"的说法。

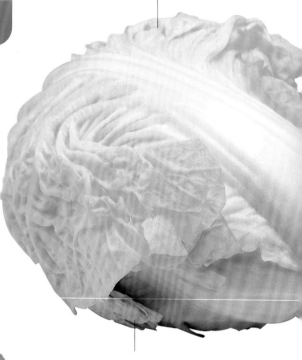

单株叶，叶面光滑或有皱缩，少数具茸毛

叶柄肥厚，一般无叶翼，白、绿白、浅绿或绿色

美味食谱

糖醋大白菜

备料：白菜半颗，香菇3朵切片，辣椒段少许，精盐、白糖、醋、胡椒各适量。

1. 白菜用手撕成块，辣椒段、香菇片少许，冷开水加入糖和醋化开备用。

2. 高汤烧开后，下白菜焯片刻，之后捞出过凉水。

3. 锅中加油烧热，加入辣椒段，香菇片爆香。

4. 将准备好的糖醋水倒入锅中，再加入白菜翻炒片刻。

5. 最后加盐和胡椒调味，装盘。

分布区域

■原产自我国北方地区，19世纪时传入日本及欧美各国。

■原常见于我国华北，现在我国各地广泛栽培。

营养档案

每100克白菜中含：

能量	71千焦
蛋白质	1.5克
碳水化合物	3.2克
膳食纤维	0.8克
硫胺素	0.04毫克
钙	50毫克
镁	11毫克
锌	0.38毫克
磷	31毫克
钠	57.5毫克
锰	0.15毫克
维生素C	31毫克
维生素E	0.76毫克

白
菜

高脚奶白菜
有绿色和浅绿色叶多种，叶柄长且窄、细长状，叶子不包、散开、为奶白色。

阳春大白菜
从韩国引进。叶质柔嫩，味美，顶部包住紧合，切开后纹理对称。是大白菜中含钾成分最多的品种。

你知道吗?

　　白菜营养丰富，除含碳水化合物、脂肪、蛋白质、膳食纤维、钙、磷、铁、胡萝卜素、维生素 B_1 外，还含有丰富的维生素 C，可增强机体抵抗力。

　　白菜还有利于促进肠道蠕动，帮助消化。

鹤斗白菜
相较其他品种，鹤斗白菜更短，俗称"矮脚"，梗比较宽，叶子深绿色、呈皱状，属于高级品种。

生长习性

　　耐寒，喜好冷凉气候，不适于栽植在排水不良的土壤中。

知识典故

　　白菜古时称"菘"。最早的记载见于三国时期的《吴录》："陆逊催人种豆、菘。"

　　宋代杨万里是最早将"菘"称为"白菜"的人。

　　著名国画大师齐白石将白菜称为"百菜之王"："牡丹为花中之王，荔枝为百果之先，独不论白菜为蔬之王，何也？"

🌱**小贴士**

1.可炒食、做汤。

2.用白菜制作的酸菜，风味独特。

3.北方的白菜普遍比南方白菜好吃，是因为北方下雪或降霜之后，大白菜为了防止身细胞冻伤，会设法提高细胞液浓度。

甘蓝

又名圆白菜、卷心菜、洋白菜、高丽菜、椰菜等。
十字花科芸薹属。

叶边缘有波状
不明显锯齿

一年生或两年生草本植物，被粉霜。茎肉质，矮粗壮，绿色或灰绿色；叶层层包裹成椭圆或近圆形，呈乳白色或淡绿色，边缘有波状不显明锯齿；花为淡黄色。口感香甜温和，是我国重要的蔬菜之一。

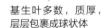

基生叶多数，质厚，
层层包裹成球状体

营养档案

每100克甘蓝中含：

能量	100 千焦
蛋白质	1.5 克
脂肪	0.2 克
碳水化合物	4.6 克
膳食纤维	1 克
钠	27.2 毫克
镁	12 毫克
磷	26 毫克
钾	124 毫克
钙	49 毫克
烟酸	0.4 毫克
维生素 C	40 毫克
维生素 E	0.5 毫克

知识典故

甘蓝是一种古老的蔬菜，早在4 000多年前古希腊和古罗马人就已经开始人工培育并食用这种蔬菜了。如今，在欧洲寒冷贫瘠、遍布白垩岩的荒草滩上仍能看到野生甘蓝的身影。

你知道吗？

甘蓝营养丰富，含维生素 K_1 及维生素 U，不仅能抗胃部溃疡、保护并修复胃黏膜，还可以保持胃部细胞活跃旺盛，降低胃病变的概率，被誉为天然"养胃菜"。

甘蓝富含叶酸，孕妇应多食用。此外，贫血患者也可以多吃甘蓝，它对血糖、血脂都有调节的作用。

分布区域

■除芥蓝外，甘蓝的各个变种都起源于地中海至北海沿岸一带，现在世界各地均有栽培。

■我国各地区也均有栽培。

小贴士

优质的甘蓝拿在手上会感觉比较沉，这说明其水分比较足，结构紧凑，吃起来的口感会更好。

鉴别

紫甘蓝 叶片紫红，颜色鲜亮，口感清爽，是变异品种，营养丰富。其含有丰富的硫元素，可杀虫止痒，对皮肤瘙痒有一定的疗效，常吃对皮肤健康有好处。

大平头 原名"成功甘蓝"，1926年从欧洲引进栽培。外叶绿色，结球紧实，单球重 2.5~3 千克，产量高，品质好，为晚熟品种。

皱叶甘蓝 别名"皱叶洋白菜"。叶片卷皱，由于存在大量的皱褶，即使叶片不大也可结成叶球，所以皱叶甘蓝比其他甘蓝品种的质地更为细嫩、柔软。其所含的各种营养物质均显著高于普通甘蓝。

抱子甘蓝 又作"孢子甘蓝"，别名"小圆白菜"。叶稍狭，叶柄长，叶片勺子形，有皱纹。茎直立，顶芽开展，腋芽能形成许多小叶球。分高、矮两种类型。

如何挑选甘蓝？

挑选甘蓝时要注意重量，挑重不挑轻。

挑选时应看蒂的水分是否充足。还要挑选外表光滑的。

叶片发黑、有虫眼的甘蓝不要挑选。

黑叶小平头 为上海地方品种。叶呈灰绿色，蜡粉多，单球重 1.5 千克左右，结球紧实，质地较硬，品质中等，早中熟。

冼村早椰菜 为广州地方品种。是从黄苗中选出的一个早熟品种，叶绿色带黄，结球紧实，耐热，品质好，较耐贮藏。

鸡心甘蓝 早熟品种。外叶少，叶卵圆形，叶色深绿，叶球尖头，稍扭曲，心叶浅绿白色。抗寒性强。

金早生 原辽宁省蔬菜试验站于1955年从大连市金县农家品种中选出。叶深绿，叶球呈圆球形或牛心形。

生长习性

喜欢温和、充足的光照。

较耐寒，也有适应高温的能力。

对土壤的要求不严格，但更适宜在腐殖质丰富的黏壤土或沙壤土中种植。

牛心甘蓝 甘蓝种中顶芽能形成叶球的一个变种。叶片浅绿色，球形似牛心，结球紧实。叶面平滑，叶脉明显。属早熟品种，抗寒性强，品质中上。

香椿

又名香椿头、香椿铃、香铃子、香椿子、香椿芽等。
楝科香椿属。

香椿树为落叶乔木，树体高大，除椿芽供食用外，也是园林绿化的优选树种。花两性，呈白色，圆锥花序；果实是椭圆形蒴果；翅状种子，种子可以繁殖；叶呈羽状。食用部位为香椿树的幼芽。谷雨前的香椿口感香浓、细嫩，比谷雨后的好。

你知道吗?

香椿含有丰富的维生素C、胡萝卜素等营养物质，不仅有助于增强机体免疫力，而且能润滑肌肤，是保健美容的良好食品。

椿芽营养丰富，并具有食疗作用，主治外感风寒、风湿痹痛、胃痛、痢疾等。

香椿除了可以炒食，还可以腌制食用，腌制时间需要一周左右。

叶互生，为偶数羽状复叶，小叶呈长椭圆形

小贴士

1. 香椿芽含有轻微的毒素，食用之前先焯水，可以消除内部的硝酸盐和亚硝酸盐。

2. 挑选香椿的时候要选择比较短、颜色棕红、叶子不易扯断且带有清香的。

分布区域

■香椿是我国本土蔬菜，原产于我国中部以及南部地区。河北、河南和山东栽植最多。陕西秦岭和甘肃小陇山有野生林。辽宁、内蒙古、甘肃、广东、广西、云南等地均有栽培。

香椿

鉴别

水椿

芽呈浅紫色，极易抽薹，薹粗壮肥嫩，含纤维少，多汁，香味较淡，无苦涩味。洗净鲜食最好，清脆可口。

青油椿

幼芽初为紫红色，后为青绿色，尖端微红色。青油椿多汁，椿芽不易老化，香味较浓，无苦涩味。

红香椿

芽初放时为棕红色，随芽生长除顶部保留红色外，其余部分转为绿色。嫩叶皱缩，无苦涩味。

黑油椿

幼芽初放时为紫红色，光泽油亮，后由下至上逐渐变为墨绿色，尖端呈暗紫红色，芽粗壮肥嫩，油脂厚，香味浓，无苦涩味。

红芽绿椿

芽初放时棕红色，很快转为绿色，但顶部为棕色。展叶后叶、叶柄、叶轴及一年生茎秆均为绿色，芽香味淡。宜鲜食。

薹椿

展叶后正面为黄绿色，背面微红，叶稍有皱缩。嫩芽叶甜，多汁，香味浓，品质好，产量高。

营养档案

每100克香椿中含：

能量……………197千焦

蛋白质……………1.7克

脂肪………………0.4克

碳水化合物……10.9克

膳食纤维…………1.8克

知识典故

　　古代称香椿为椿，称臭椿为樗。

　　香椿是我国人极为喜爱的一道美食，国人食香椿久已成习，汉代就遍布大江南北。

古籍名医录

　　《食疗本草》载："椿芽多食动风，熏十经脉、五脏六腑，令人神昏血气微。若和猪肉、热面频食中满，盖壅经络也。"

生长习性

　　喜温，抗寒能力随苗树龄的增加而提高。

　　喜光耐湿，适宜生长于河边、宅院周围肥沃湿润的土壤中，以沙壤土为好。

韭菜

又名韭、山韭、长生韭、丰本、扁菜、懒人菜等。石蒜科葱属。

叶基生，深绿色的叶子细长扁平，带状，叶片表面有蜡粉

有强烈的特殊气味。根茎横卧，花两性，花冠为白色，锥型总苞，伞形花序，花被片6片，雄蕊6枚，异花授粉，顶生，叶片簇生。深绿色的叶子细长扁平，呈带状，可分为宽叶和窄叶，叶片表面有蜡粉，是我国的本土蔬菜，鲜嫩时食用口感佳，营养丰富。

你知道吗？

韭菜主要营养物质有维生素 B_1、维生素 B_2、维生素 C、烟酸、胡萝卜素、碳水化合物及矿物质，膳食纤维较多，不易消化吸收，一次不宜食用过多。

韭菜除了可以炒食之外，还可以用来制作馅料，如韭菜盒子就是一道很有名的面食。

营养档案

每100克韭菜中含：

能量	109 千焦
蛋白质	2.4 克
脂肪	0.4 克
碳水化合物	4.6 克
膳食纤维	1.4 克
钠	8 毫克
镁	25 毫克
磷	38 毫克
钾	247 毫克
钙	42 毫克
锰	0.43 毫克
铁	1.6 毫克

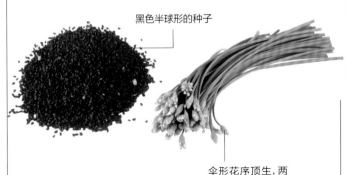

黑色半球形的种子

伞形花序顶生，两性花，白色

分布区域

■原产于亚洲东南部。世界各地普遍栽培。

■我国广泛栽培，是最常见的蔬菜之一。

🌱 小贴士

1. 挑选韭菜的时候要选整株深绿、鲜嫩、叶肉比较厚的，没有枯黄和腐伤的为佳。

2. 便秘患者、口疮患者要注意少食或者不食。

种植期

1 2 3 4 5 6 7 8 9 10 11 12

鉴别

寿光马蔺韭　山东省寿光市地方品种。叶片呈宽条形，叶深绿色，叶面光滑，叶片较厚。纤维少，香味略低，品质较好。

诸城大金钩　山东省诸城市地方品种。半直立，绿色叶片呈宽条形，无蜡粉，假茎呈淡紫色。香味浓，纤维少，品质好。

791韭菜　由河南省平顶山市农科所育成。叶丛直立，绿色叶片较宽大，叶面平展，叶尖稍斜。纤维少，品质鲜嫩，产量高。

汉中冬韭　陕西省汉中市地方韭菜品种。叶片呈宽条形，叶端尖，呈淡绿色。假茎为绿色，横切面呈扁圆形。生长快，产量高，品质中等。

美味食谱

韭菜炒鸡蛋

1. 取 3~5 个鸡蛋打入碗内搅拌均匀。

2. 准备新鲜的韭菜一把，清洗干净、控干水分后切成 4 厘米长的段待用。

3. 锅里加油大火烧热，将鸡蛋倒入，翻炒 30 秒，凝固后装盘。

4. 把姜、蒜切成丝，锅里重新加热油爆香。

5. 加入韭菜翻炒 1 分钟后将炒好的鸡蛋倒入，翻炒均匀，加入鸡精、盐、糖调味即可。

知识典故

《山海经》《诗经》中早就有对韭菜的记载；汉朝时期就已经有温室培育的韭菜了。

古籍名医录

元代著名医学家朱震亨曰："心痛，有食热物及怒郁，致死血留于胃口作痛者，宜用韭汁、桔梗加入药中，开提气血。有肾气上攻以致心痛者，宜用韭汁和五苓散为丸，空心茴香汤下。盖韭性急，能散胃口血滞也。又反胃宜用韭汁二杯，入姜汁、牛乳各一杯，细细温服，盖韭汁消血，姜汁下气消痰和胃，牛乳能解热润燥补虚也。"

《本草经疏》："韭，生则辛而行血，熟则甘而补中，益肝、散滞、导瘀是其性也。"

《本经逢原》："韭，昔人言治噎膈，惟死血在胃者宜之。若胃虚而噎，勿用，恐致呕吐也。"

生长习性

适应性强，抗寒耐热。

喜欢阴湿肥沃的环境。在日照充足和干燥环境下叶尖会呈现焦黄色。

蒜苗

又名蒜毫、青蒜，蒜黄。
石蒜科葱属。

鳞茎大，种子呈黑色。蒜苗是蒜的幼苗长起来的苗叶，味道香，偶尔带有一丝辛辣，具有蒜的香辣味，其柔嫩的蒜叶和叶鞘可供食用。高品质的蒜苗株高 35 厘米左右，非常鲜嫩，叶色鲜绿，不黄不烂，毛根白色不枯萎，而且辣味较浓。

营养档案

每 100 克蒜苗中含：

能量·············167 千焦
蛋白质·············2.1 克
脂肪···············0.4 克
碳水化合物··········8 克
膳食纤维···········1.8 克

叶基生，实心，扁平，线状披针形，基部呈鞘状，叶色鲜绿

毛根白色不枯萎

花茎直立，佛焰苞有长喙

鳞茎大形，外包灰白色或淡紫色干膜质鳞被

🌱小贴士

1. 蒜苗以叶片鲜嫩青绿、假茎长且鲜嫩雪白、无折断、叶不枯且辣味比较浓的为佳。

2. 种植蒜苗的过程中会经常使用农药，所以一定要反复冲洗干净再食用。

3. 蒜苗置于阴凉通风处储藏期为一周。

分布区域

■全国各地均有种植，华北、西北、东北地区种植广泛。

鉴别

蒜苗，又叫作青蒜，是大蒜青绿色的幼苗。优质蒜苗大都叶柔嫩，叶尖不干枯，株棵粗壮。毛根白色，不枯萎，辣味较浓。

普通蒜苗

植株生长势强，生长快，抗病，苗期长势旺。蒜球外皮呈微紫色。辛辣味浓，产量高，早熟，适于蒜苗栽培。柔嫩叶整齐，较耐储存。

成都二水早蒜苗

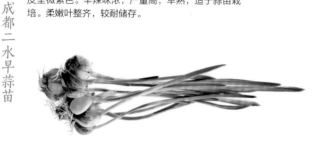

叶肉柔嫩，质脆味香，品质好。茎部比较短，叶片长且宽，吃起来口感比较肥厚，适合作为配菜烹炒食用，经油爆后香味更浓。

益阳白大蒜蒜苗

蒜球外皮为红色，辛辣味浓，品质好，适于蒜苗栽培。根直且长，叶子部分比较少，外形有点像大葱。

成都金堂红蒜蒜苗

你知道吗?

蒜苗含有丰富的维生素 C 以及蛋白质、胡萝卜素、硫胺素、核黄素等营养成分，多吃能有效预防流感、肠炎等因环境污染引起的疾病。

它的辣味主要来自其含有的辣素，这种辣素具有消积食的作用。

蒜苗可预防血栓的形成，对于心脑血管疾病有抑制作用，对肝脏有益。

蒜苗可以阻断亚硝胺致癌物质的合成，对癌症有一定的预防作用。

生长习性

适合生长于土质疏松、排水良好、有机质丰富的沙壤土中。

冬季过于寒冷的地方以春夏时节种植为宜。

芹菜

又名旱芹、西芹、胡芹等。
伞形科芹属。

叶片边缘有圆锯齿

茎光滑、直立，
有少数分枝

芹菜一般指旱芹，为二年生草本植物，第二年开花。根系为浅根系，生长期伸长成花薹；叶生长在短缩茎的基部，通常为不规则锯齿状；有白色小花，复伞形花序，花冠5个；果实呈圆形，双悬果，有香味；会生一小粒褐色种子，种子有休眠期，发芽慢。根部生叶，茎直长，品种不同的茎粗细也不同。食用部分多为茎部，属于耐寒性蔬菜。

美味食谱

芹菜汁

1. 准备芹菜、蜂蜜各适量，薄荷叶5片。

2. 将芹菜切段放入榨汁机，加入蜂蜜、4片薄荷叶一起高速搅打后倒入杯中。

3. 将薄荷片拍一拍后，放在杯子中作装饰，养颜排毒的芹菜汁就完成了。

营养档案

每100克芹菜中含：

能量	46千焦
蛋白质	0.4克
脂肪	0.2克
单不饱和脂肪酸	0.1克
碳水化合物	3克
膳食纤维	1.3克

🌱小贴士

1. 挑选芹菜时要看茎叶是否鲜亮，叶子蔫了及茎部有腐坏的不宜购买。

2. 脾胃虚寒者、低血压患者不宜多食芹菜。

3. 芹菜的叶子不仅美味，还具有降压的效果，营养丰富。

分布区域

■全国各地均有种植。

鉴别

美国白芹 植株较直立，株形较紧凑，株高60厘米以上。单株重800~1 000 克。收获时植株下部叶柄呈乳白色，口感脆爽。

旱芹 叶柄较细长，品种有白芹、青芹等，颜色翠绿，茎部口感较硬，叶子多。叶子可以单独摘下用于煮汤配料，不仅能增加香味，更能提升整体色泽。

冬芹 从意大利引进，又叫意大利冬芹，20世纪70年代末进入我国。植株生长势强，叶柄实梗、脆嫩，纤维少，有香味，抗寒性强，单株平均重250 克左右。

铁杆芹菜 植株高大，叶色深绿有光泽，叶柄绿色，为实心或半实心。根部长葱状，茎部细长均匀，单株重250 克。

美芹 从美国引进，叶柄绿色，为实心，质地嫩脆，纤维极少。平均单株重1 000克左右，生熟均适。

西芹 西芹又称"洋芹"，植株紧凑粗大，质地脆嫩，有芳香气味。可分为黄色种、绿色种和杂色种群三种。

津南冬芹 是天津市宏程芹菜研究所1995 年推出的新品种。叶柄较粗，呈淡绿色，香味适口。

玻璃脆 由开封市蔬菜所选育而成。叶绿色，叶柄粗，黄绿色，肥大而宽厚，光滑无棱，具有光泽，茎秆实心，组织柔嫩脆弱，纤维少，微带甜味，品质好。

加州王 植株高大，生长旺盛。茎层紧密慢慢向外延展开，越往叶子部分越细，尾部叶子茂盛，对枯萎病、缺硼症抗性较强。定植后80 天可上市。

生长习性

耐寒耐阴，喜欢冷凉、湿润的环境条件，对光照需求量大。

对土壤要求严格，需要肥沃、疏松、通气性良好、保水保肥力强的沙壤土或黏壤土。

需要勤施肥，对氮元素的需求量大。

对水分要求较严格，吸水能力弱，耐旱力弱。

高温干旱的条件下容易生长不良，秋季气温最适宜生长。

生菜

又名叶用莴苣、鹅仔菜、玻璃菜、莴仔菜等。菊科莴苣属。

为一年生或二年生草本植物。根系发达，叶面有蜡质，叶呈长倒卵形，密集成甘蓝状叶球，颜色嫩绿，两面无毛，叶面平展或皱缩，边缘波状或有细锯齿，向上渐小。可生食，脆嫩爽口，略甜。

边缘形状或有细锯齿

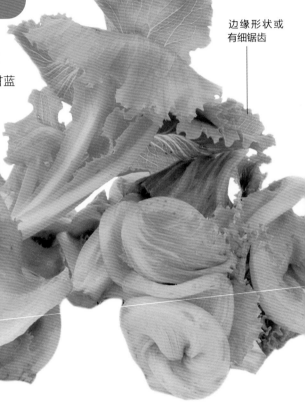

营养档案

每 100 克生菜中含：

能量·················54 千焦

蛋白质···············0.8 克

脂肪················0.3 克

多不饱和脂肪酸···0.2 克

碳水化合物 ··········2 克

膳食纤维············0.8 克

叶色绿、黄绿或紫，叶面平展或皱缩

分布区域

■原产自欧洲地中海沿岸。现在世界各地广泛栽培。

■我国主要分布在东南沿海的大部分地区，其余地区也均有栽培。

🌱小贴士

1. 生菜很容易煮熟，烹饪的时候需要注意时间，此外生食时需要清洗干净才可以食用，可在洗之前用温盐水浸泡一会儿后再用流动的水清洗。

2. 挑选生菜的时候要看颜色是否青绿，还要注意茎部，带白色才是新鲜的生菜。

鉴别

罗莎生菜　为紫色散叶品种，株型漂亮，叶簇半直立，叶片皱，叶缘呈紫红色；口感好，是品质极佳的高档品种。主要食用方法是生食，为西餐蔬菜色拉的"当家菜"。

奶油生菜　嫩绿色叶子呈卵圆形，叶面较平，中下部横皱，叶质软，口感油滑，味微香。有的地方称之为玻璃菜，是因为其如玻璃一般透亮。

你知道吗?

生菜含有大量 β - 胡萝卜素、抗氧化物、维生素，还有膳食纤维和镁、磷、钙、铁、铜、锌等营养物质，常吃可以加强人体对蛋白质和脂肪的消化与吸收，改善肠胃的血液循环。

生菜含水量比较大，保存的时候将水分沥干后用保鲜袋装起放入冰箱即可。

紫叶生菜　目前我国栽培的紫叶生菜品种"红帆"是从美国引进的，植株较大，叶片皱曲，色泽美观，随收获期临近，红色逐渐加深。营养成分较一般绿叶生菜更为丰富。

美国大速生　植株生长紧密。散叶型，倒卵形叶片多皱，叶缘波状，叶色嫩绿，品质甜脆，不易抽薹。抗病、耐寒性强。

生长习性

既不耐寒，又不耐热，喜冷凉环境，生长适宜温度为 15~20℃。

耐旱力较强。

在肥沃湿润的土壤中栽培产量高、品质好。

日本丸叶壬　从日本引进的特色品种。有较强的分枝能力，每个叶片腋间又可分生出新的叶片。椭圆形叶片呈深绿色，无缺刻，细长，叶柄呈绿白色。其味道特别鲜美，是新引进的较受欢迎的生菜珍品。

罗马生菜　从美国引进的早熟生菜品种，嫩叶深绿，有光泽，品质佳，生、熟食均可。在质感上不像结球生菜那么清爽。食法同结球生菜相似，可以直接洗净后拌食，不适合炒、炖、做汤。

蕹菜

又名空心菜、通菜、藤藤菜、无心菜等。
旋花科虎掌藤属。

　　蕹菜常称空心菜，蔓生或漂浮于水，因
梗部空心而得名。茎呈圆柱形，无毛，有节，
节间中空，节上生根；叶片呈长卵状披针形，
顶端渐尖，基部呈心形，叶柄无毛；腋生聚伞
花序，花色呈白色、淡红色或紫红色，漏斗状，
蒴果球形，约1厘米，无毛。夏季成熟，叶和梗
都可以食用，是我国本土蔬菜，栽培历史悠久，
也是我国代表性蔬菜之一。

叶互生，叶面光
滑，呈长卵状披
针形

小贴士

除当蔬菜食用外，蕹菜也
可药用，内服解饮食中毒，
外敷治骨折、腹水及无名
肿毒。蕹菜还是一种比较
好的饲料。

茎蔓生，圆形中空，
柔软，绿色或淡紫色

古籍名医录

《南方草木状》："能
解冶葛毒。"
《医林纂要》："解砒
石毒，补心血，行水。"
《陈川本草》："治肠
胃热，大便结。"
《岭南采药录》："食
狗肉中毒，煮食之。"

营养档案

每100克蕹菜中含：

能量	84 千焦
蛋白质	2.2 克
脂肪	0.3 克
单不饱和脂肪酸	0.1 克
碳水化合物	3.7 克
膳食纤维	1.4 克
维生素 B_1	0.03 毫克
维生素 B_2	0.06 毫克
烟酸	0.8 毫克
维生素 C	25 毫克

分布区域

■原产于我国南方地区，现在全国广泛栽培，有时为野生状态。福建、
江苏、广东、广西、四川、贵州等地常见栽培，北方较少栽培。

■世界范围内，分布遍及亚洲、非洲和大洋洲。

蕹菜

鉴别

泰国空心菜

青绿色叶片呈竹叶形，梗为绿色；粗壮的茎中空，向上倾斜生长。质脆，味浓，品质优良。

青梗蕹菜

是湖南省地方品种。植株半直立。茎浅绿色，叶为戟形，呈绿色，叶面平滑，全缘，叶柄呈浅绿色。

白梗蕹菜

黄白色茎粗大，节疏；长卵形叶片，绿色；生长壮旺，分枝较少。品质优良，产量高。

吉安蕹菜

是江西省地方品种。茎叶茂盛。颜色为深绿色，叶面平滑。管状茎为绿色，中空有节。含丰富的膳食纤维。

青叶白壳蕹菜

是广州市农家品种。青白色茎粗大，节细且较密。长卵形叶片呈深绿色。品质柔软而薄，质量好，产量高。

细叶蕹菜

又名"丝蕹空心菜"，是南方蕹菜的品种之一。叶片较细，呈短披针形。其质脆、味浓，品质甚佳。

你知道吗？

蕹菜所含的烟酸、维生素C等能降低胆固醇、甘油三酯，可以降脂减肥。

蕹菜嫩梢中的蛋白质含量高，还含钙、胡萝卜素等对人体有益的营养物质，所含的叶绿素有"绿色精灵"之称。

蕹菜含有丰富的膳食纤维，其由纤维素、半纤维素、木质素、胶浆及果胶组成，具有促进肠蠕动、通便解毒的作用。

蕹菜汁对金黄色葡萄球菌、链球菌等有抑制作用，可预防感染。

生长习性

性喜温暖、湿润气候，耐炎热、不耐霜冻，遇霜冻，茎、叶枯死。

宜生长于气候温暖湿润、土壤肥沃多湿的地方。

马铃薯

又名土豆、洋芋、山药蛋、洋山芋、洋芋头、香山芋、洋番芋、阳芋、地蛋等。
茄科茄属。

羽状复叶，小叶卵形至长圆形

马铃薯为须根系，茎呈菱形，有毛；果实为光滑的圆球状；种子呈肾形，黄色。食用部分为其块茎，颜色有白、黄、红、粉红、紫和黑色等。淀粉含量很大，能够为人体提供高热量，富含蛋白质、维生素等多种营养物质，是全球第四大重要的粮食作物，仅次于小麦、稻谷和玉米。

知识典故

我国对马铃薯的记载最早见于康熙年间的《松溪县志食货》，因其酷似马铃铛而得名。

马铃薯与小麦、稻谷、玉米、高粱并称为世界五大作物。

花白色或蓝紫色，花冠辐状

块茎呈扁圆形，光滑

你知道吗？

马铃薯含有丰富的维生素A、维生素C以及矿物质，其维生素C的含量为蔬菜之最，优质淀粉含量约为16.5%，还含有大量木质素等，被誉为人类的"第二面包"。

生长习性

喜冷凉，喜低温。地下薯块形成和生长需要疏松透气、凉爽湿润的土壤环境。

营养档案

每100克马铃薯中含：

能量	339 千焦
碳水化合物	17.8 克
膳食纤维	2.3 克
钠	8.5 毫克
镁	22 毫克
磷	40 毫克
钾	342 毫克
钙	4 毫克
烟酸	1.1 毫克
维生素 C	16 毫克

分布区域

■原产于南美洲安第斯山区，秘鲁南部地区最早进行人工栽培。

■遍布全世界，中国、俄罗斯、乌克兰、印度、美国等为主要栽培国家。

■我国是世界马铃薯总产量最高的国家。

种植期 ① ② ③ 4 5 6 7 8 9 10 11 12

南瓜

又名番瓜、北瓜、笋瓜、金瓜等。
葫芦科南瓜属。

叶柄粗壮，叶片呈宽卵形或卵圆形；茎节部生根；卷须、果梗粗壮；瓜蒂扩大成喇叭状；瓠果为食用部位，形状因品种而异，有棱和数条纵沟；种子很多，多为长卵形或长圆形，呈灰白色，边缘薄，剥壳可食用。蒸熟后香甜软糯，营养丰富，深受人们喜爱。秧苗的幼尖亦可食用。

瓠果扁球形、壶形或圆柱形，果肉呈橙黄至橙红色

单叶互生，叶片卵圆形或宽卵形

单性花，花冠呈钟状，黄色

营养档案

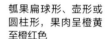

每 100 克南瓜中含：

能量	92 千焦
蛋白质	0.7 克
碳水化合物	5.3 克
钠	0.8 毫克
镁	8 毫克
磷	24 毫克
钾	145 毫克
钙	16 毫克
维生素 C	8 毫克

古籍名医录

《本草求原》载："蒸晒浸酒佳。其藤甘苦，微寒。平肝和胃，通经络，利血脉。"

功能特效

南瓜叶有治疗刀伤的作用，制成粉末撒在伤口上，能起到止血和止疼的作用。

南瓜叶有治疗幼儿疳积的作用。

南瓜有治疗痢疾的作用。

你知道吗？

南瓜含有淀粉、蛋白质、胡萝卜素、B 族维生素、维生素 C、可溶性膳食纤维、叶黄素和磷、钾、钙、镁、锌、硅，以及人体必需的 8 种氨基酸和儿童必需的组氨酸。

种子卵形或椭圆形，灰白色或黄白色

生长习性

喜光、喜温，但不耐高温。喜欢在腐殖质多、质地疏松的沙壤土中生长。

分布区域

■我国主产于河北、山西、山东、江苏、浙江、江西、四川等地。

冬瓜

又名白瓜、东瓜、白冬瓜、地芝等。
葫芦科冬瓜属。

果实为长圆柱状或近球状，有硬毛和白霜

叶片肾状近圆形，边缘有小齿，叶表面呈深绿色

茎和叶柄被黄褐色硬毛及长柔毛，有棱沟；叶片肾状近圆形，先端急尖，边缘有小齿，中裂或浅裂，裂片宽三角形或卵形；花单生，呈黄色，花梗的基部有一苞片，花萼筒宽钟形；种子呈卵形，为白色或淡黄色；果实为食用部位，呈长圆柱状或近球状，体积大，有硬毛和白霜。

花单生，花冠呈黄色，辐状

种子呈卵形，白色或淡黄色，压扁，有边缘

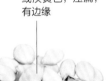

食用禁忌

冬瓜性寒，脾胃气虚、腹泻便溏、胃寒疼痛者忌食生冷冬瓜。

月经来潮期间和寒性痛经者忌食生冬瓜。

冬瓜和红小豆同食会使尿量骤然增多，容易造成脱水。

醋会破坏冬瓜中的营养物质，降低营养价值。

冬瓜与红鲫鱼同食会降低营养价值。

营养档案

每 100 克冬瓜中含：

能量	46 千焦
碳水化合物	2.6 克
钠	1.8 毫克
镁	8 毫克
磷	12 毫克
钾	78 毫克
钙	19 毫克
维生素 C	18 毫克

你知道吗？

冬瓜含蛋白质、碳水化合物、胡萝卜素、多种维生素、膳食纤维和钙、磷、铁等，且钾含量高，钠含量低。

小贴士

1. 冬瓜可熬汤、清炒。
2. 冬瓜可浸渍为各种糖果。
3. 冬瓜果皮和种子药用有消炎、利尿、消肿的功效。

生长习性

喜温、耐热，在较高温度下生长发育良好。光照弱、湿度大时容易受冻。以排水方便、土层深厚、肥沃的沙壤土或黏壤土为宜。

分布区域

■全国各地均有栽培，其中河北、河南、安徽、江苏、浙江、四川产量较大。

洋葱

又名球葱、圆葱、玉葱、葱头、荷兰葱等。石蒜科葱属。

多年生草本植物。叶片呈圆筒状，中空，下粗上狭；花多而密集，颜色粉白，为球状伞形花序，花丝等长，子房呈圆形；鳞茎粗大，呈球状，外面包裹一层较薄的纸质或薄革质皮，呈白色、黄色或红色，内层为多层肥厚的肉质，一般是白色或淡黄色，味道辛辣，是洋葱的食用部位。5 ~ 7 月开花结果。

呈扁球形、圆球形、卵圆形及纺锤形

叶子呈浓绿色圆筒形，中空，表面有蜡质

你知道吗？

洋葱不仅富含钾、维生素C、叶酸、锌、硒及膳食纤维等营养物质，而且含有特殊的槲皮素和前列腺素 A，使其具有了很多其他食物不可替代的健康功效。

食用禁忌

皮肤病患者不宜吃洋葱。
眼疾患者不能吃洋葱，病情会加重。
肠胃病患者不宜吃洋葱，会导致病情加重。

营养档案
每 100 克洋葱中含：
能量……………167 千焦
蛋白质……………1.1 克
脂肪……………0.2 克
碳水化合物…………9 克
膳食纤维…………0.9 克

分布区域

■原产于亚洲西部地区，现在世界各地均有栽培。
■我国主要产地有福建、山东、内蒙古、甘肃、新疆等。

生长习性

耐寒、喜湿、喜肥。不耐高温、强光、干旱和贫瘠。要求土壤疏松、肥沃、保水力强。

荠菜

又名荠、地米菜、净肠草、清明菜、鸡脚菜等。
十字花科荠属。

是我国的本土蔬菜，以前为野菜，在《诗经》中就有荠菜的记载。虽然喜欢温和的环境，但荠菜的耐寒能力十分强，全国各地都有栽培，叶片可食，除可以炒食之外，还可以凉拌、做成馅料等。

叶片卵形至长卵形，
有羽状分裂

基生叶挨地
丛生，呈莲座状

营养档案

每 100 克荠菜中含：

能量	113 千焦
蛋白质	2.9 克
碳水化合物	4.7 克
钙	294 毫克
钾	280 毫克
磷	81 毫克
镁	37 毫克
钠	31.6 毫克
铁	5.4 毫克
维生素 C	43 毫克

你知道吗?

荠菜富含 11 种氨基酸，还有蛋白质、膳食纤维、碳水化合物、胡萝卜素、维生素及微量元素，为野菜中味最鲜美者，深受人们喜爱。

知识典故

魏晋南北朝时，有若干《荠赋》问世。陆游曾吟《食荠十韵》。苏轼则有《与徐十二书》："今日食荠极美……虽不甘于五味，而有味外之美。"明人滑浩的《野菜谱》："江荠青青江水绿，江边挑菜女儿哭，爷娘新死兄趁熟，止存我与妹看屋。"

茎直立，
有分枝

生长习性

性喜温和，但耐寒力强。
对土壤的要求不严格。

分布区域

■全国各地均有分布。

蒜薹

又名蒜毫、青蒜。
石蒜科葱属。

蒜薹为蒜的花薹，可食用。生长到一定阶段时在中央部分长出细长的茎，呈淡绿至绿色，包括花茎和总苞。薹苞是蒜的花茎顶端的总苞，内含发育不全的花序。肉质呈圆柱状花葶，顶端着生伞形花序，位于总苞内。花呈淡红色，一般不孕而形成珠芽。

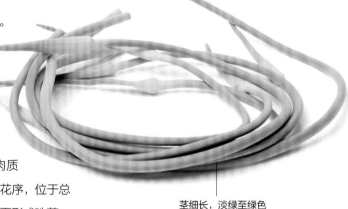

薹苞是蒜的花茎顶端的总苞，内含发育不全的花序

茎细长，淡绿至绿色

生长习性

喜冷凉，怕旱，对土壤要求不高，以富含有机质、疏松透气、保水排水性好的肥沃壤土为宜。

小贴士

蒜薹在炒食的过程中不宜烹煮得过烂，否则会破坏其含有的辣素。

你知道吗？

蒜薹含蛋白质、脂肪、碳水化合物、膳食纤维、胡萝卜素、烟酸、钙、磷、钾、钠、镁、铁、锌、硒、铜和锰等人体所需营养物质，以及大蒜素、大蒜新素等，有很好的保健功能。

分布区域

■全国各地均有栽培。

营养档案

每100克蒜薹中含：

能量	255 千焦
蛋白质	2 克
碳水化合物	15.4 克
膳食纤维	2.5 克
钠	4 毫克
镁	28 毫克
磷	52 毫克
钾	161 毫克
钙	19 毫克
铁	4.2 毫克
锌	1.04 毫克
维生素 C	1 毫克
维生素 E	1.04 毫克

美味食谱

蒜薹炒肉

备料：蒜薹 350 克，猪里脊肉 150 克，淀粉、生抽、老抽、葱、姜各适量，盐、鸡精少许。

1. 蒜薹洗净切成段；猪里脊肉切成丝，用水淀粉抓匀。

2. 锅内热油，将肉丝下锅滑炒至变白时，拨至锅边，大火爆炒葱、姜。

3. 将蒜薹倒入锅内，加入调料，炒熟装盘即可。

木耳菜

又名落葵、紫角叶、胭脂菜、豆腐菜等。
落葵科落葵属。

为一年生草本植物。茎肉质，无毛，呈绿色，有时带紫红色。叶呈卵圆形或近圆形，叶柄上有凹槽，叶片背面叶脉微凸。茎叶可食。花为穗状花序，腋生，被片为卵状长圆形，呈淡红色或淡紫色；雄蕊花丝短，呈白色，花药为淡黄色，柱头为椭圆形。果实为球形，呈红色、深红色或黑色。木耳菜烹饪之前最好焯水。除炒食之外，还可以凉拌或者煮汤食用。

茎肉质，无毛，
绿色或带紫红色

你知道吗？

木耳菜营养成分含量极其丰富，尤其钙、铁等元素含量很高，且草酸含量极低，是补钙的优选经济菜。

叶片呈卵圆形或
近圆形

果实为球形

🌱 小贴士

1. 木耳菜极适宜老年人食用，高血压、肝病、便秘患者可以多食。

2. 孕妇及脾胃虚寒者慎食。

3. 木耳菜适宜素炒，要用旺火快炒，炒的时间长了易出黏液。

4. 木耳菜不能和酱油同时食用。

营养档案

每 100 克木耳菜含：

能量	96 千焦
蛋白质	1.6 克
碳水化合物	4.3 克
膳食纤维	1.5 克
钙	166 毫克
磷	42 毫克
钾	140 毫克
钠	47.2 毫克
镁	62 毫克
维生素 C	34 毫克

生长习性

喜温暖湿润和半阴环境。不耐寒，怕霜冻，耐高温多湿。

分布区域

■我国长江流域以南地区均有栽培。

马齿苋

又名马苋、五行草、五方草、瓜子菜、麻绳菜等。马齿苋科马齿苋属。

叶互生，肥厚，呈倒卵形

为一年生草本植物。口感嫩滑爽脆，为药食两用植物。茎平卧或斜倚在地面，呈紫红色，圆柱形，长10~15厘米，颜色淡绿或带暗红。叶互生，叶片呈倒卵形，似马齿状，长1~3厘米，宽0.6~1.5厘米，叶柄粗短。茎叶可食。花无梗，蒴果呈卵球形。

茎呈紫红色

营养档案

每100克马齿苋中含：

能量…………… 117 千焦
蛋白质………… 2.3 克
脂肪…………… 0.5 克
碳水化合物……… 3.9 克
膳食纤维………… 0.7 克

你知道吗？

马齿苋所含的 ω-3 脂肪酸含量高于其他植物。ω-3 脂肪酸能抑制人体对胆固醇的吸收，降低血液胆固醇浓度，改善血管壁弹性，对防治心血管疾病很有作用。

生长习性

适应性较强，更适宜在温暖、湿润的沙壤土中生长。

分布区域

■全国各地均有分布。

🌿小贴士

马齿苋为药食两用植物，具有清热利湿、解毒消肿、消炎抗菌、止渴利尿等作用。

韭黄

又名韭芽、黄韭、韭菜白。
石蒜科葱属。

叶基生，长线形，扁平，光滑无毛，黄白色

韭黄是韭菜通过培土、遮光、覆盖等措施，在不见光的环境下经软化栽培后生产的黄化韭菜。

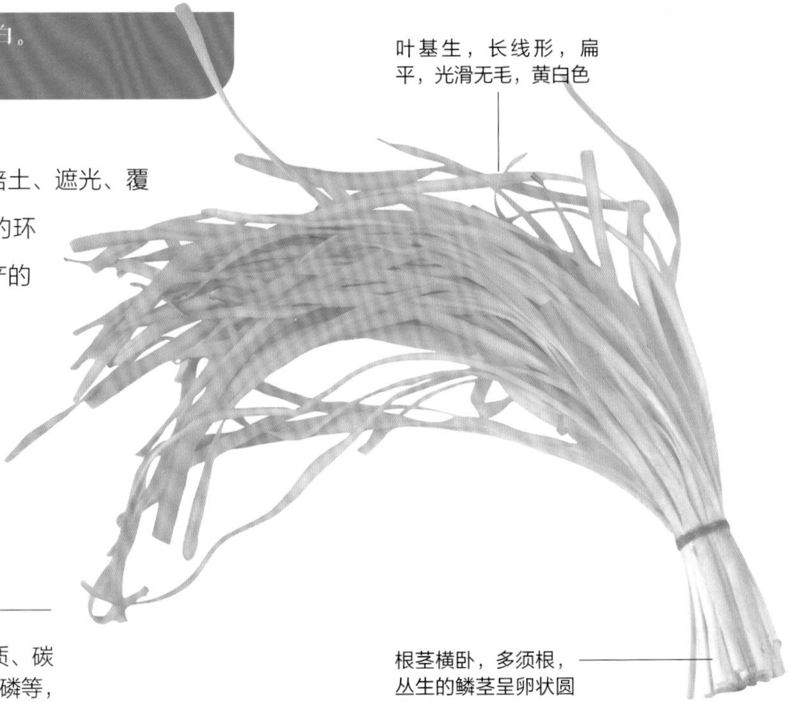

你知道吗？

韭黄含丰富的蛋白质、碳水化合物，矿物质钙、铁和磷等，可增进食欲、增强体力。

根茎横卧，多须根，丛生的鳞茎呈卵状圆柱形

知识典故

元初的王祯在《农书》首次提到韭黄，曰："至冬，移根藏于地屋荫中，培以马粪，暖而即长，高可尺许，不见风日，其叶黄嫩，谓之韭黄。"

营养档案

每 100 克韭黄中含：

能量	100 千焦
蛋白质	2.3 克
脂肪	0.2 克
碳水化合物	3.9 克
膳食纤维	1.2 克

生长习性

耐低温但不耐高温。
对土壤适应性强。
所需肥量大，耐肥能力强。

小贴士

韭黄辛味比较少，味道更加香厚。清洗的时候先将根部切去一段，用盐水泡一会儿再洗，这样更加安全健康。

分布区域

■全国各地均有分布。

地笋

又名地藕、地参、提娄、地瓜儿苗、蚕蛹子、泽兰等。
唇形科地笋属。

为多年生草本植物。根茎横走，有节，节上密生须根；长圆披针形的叶为对生，呈亮绿色，叶缘有深锯齿，叶背有凹腺点；轮伞花序无梗，轮廓为圆球形，小苞片呈卵圆形至披针形，花冠为白色。

叶对生，长圆披针形，呈亮绿色，叶缘有深锯齿

轮伞花序无梗，轮廓呈圆球形，花冠为白色

古籍名医录

《本经逢原》："地笋，专治产后血败、流于腰股，拘挛疼痛，破宿血，消症瘕，除水肿，身面四肢浮肿。"

《本草求真》："地笋，虽书载有和血舒脾、长养肌肉之妙，然究皆属入脾行水，入肝治血之味，是以九窍能通，关节能利，宿食能破，月经能调，症瘕能消，水肿能散，产后血淋腰痛能止、吐血、衄血、目痛、风癞、痈毒、扑损能治。"

《本草正义》："地笋，产下湿大泽之旁，本与兰草相似，故主治亦颇相近。"

功能特效

地笋具有降血脂、通九窍、利关节、养气血等功能。

地笋可活血化瘀，行水消肿，用于月经不调、经闭、痛经、产后瘀血腹痛、水肿等症。

营养档案

每100克地笋中含：

能量	289 千焦
蛋白质	4.3 克
碳水化合物	9 克
膳食纤维	4.7 克
镁	25 毫克
磷	62 毫克
钾	416 毫克
钙	297 毫克
铁	4.4 毫克
烟酸	1.4 毫克
维生素 C	7 毫克

你知道吗?

地笋含有丰富的淀粉、蛋白质、矿物质，还含有泽兰糖、葡萄糖、丰乳糖、蔗糖、水苏糖等，可为人体提供丰富的能量。

分布区域

■主要分布在我国黑龙江、吉林、辽宁、内蒙古、河北、山东等地。

生长习性

喜温暖、湿润气候，耐寒，喜肥。

莲藕

又名藕、藕节、湖藕、果藕、菜藕。
莲科莲属。

中间有管状小孔，折
断后有丝相连

为多年生水生草本植物。根状茎
肥厚，可食用。地下茎肥大有节，中间
有管状小孔，折断后有丝相连，外表细
嫩光滑，呈银白色；叶呈圆形或近
圆形，全缘，正面绿色；花瓣呈卵形、矩圆
形、长圆形等，花色有红、粉红、蓝、紫、白等；
种子小，呈椭圆形或球形，多数有假种皮。

外表细嫩光滑，
呈银白色

叶呈圆形或近圆
形，全缘，正面
绿色

种子小，呈椭圆
形或圆形，多数
具假种皮

如何挑选莲藕？

以藕身肥大、肉质脆嫩、水
分多而甜、带有清香的为佳。

藕身无伤、不烂、不变色、
无锈斑、不干缩、不断节的为佳。

藕身外附有一层薄泥保护的
为佳。

你知道吗？

莲藕富含淀粉、蛋白质、
B族维生素、维生素C、脂肪、
碳水化合物及钙、磷、铁等多
种矿物质，肉质肥嫩，口感甜脆，
是一款冬令进补的保健食品。

营养档案

每100克莲藕中含：

能量……………197千焦

蛋白质…………1.9克

脂肪……………0.2克

碳水化合物……16.4克

膳食纤维………1.2克

生长习性

喜强光，对土质要求不高，喜
高温多湿、日照充足又没有强风
的地方，繁育适温为20~30℃。

分布区域

■全国各地均有栽培。

西红柿

又名番茄、番柿、六月柿、洋柿子。
茄科番茄属。

小叶极不规则，呈卵
形或矩圆形

为多年生草本植物。全
体生黏质腺毛，有强烈气
味；茎易倒伏；叶羽状复叶
或羽状深裂，小叶极不规则，呈
卵形或矩圆形，边缘有不规
则锯齿或裂片；黄色花冠呈
辐状；浆果扁球状或近球
状，肉质多汁，呈橘黄色或
鲜红色，光滑；种子为黄色。

你知道吗？

西红柿含有蛋白质、碳水
化合物、有机酸、膳食纤维和
钙、磷、钾、镁、铁、锌、铜、
碘等多种矿物质，尤其是 B 族
维生素和维生素 C、胡萝卜素
含量高。

果实肉质多汁，呈橘
黄色或鲜红色

营养档案

每 100 克西红柿中含：

能量··············80 千焦

蛋白质···········0.9 克

脂肪··············0.2 克

碳水化合物·······4.0 克

膳食纤维··········0.5 克

生长习性

喜光，喜温暖环境。对土壤
条件要求不高，以土层深厚、排
水良好、富含有机质的肥沃壤土
为佳。

分布区域

■原产自南美洲，在我国全国各地均有栽培。

黄瓜

又名胡瓜、刺瓜、青瓜、王瓜、勤瓜。
葫芦科黄瓜属。

果实近圆柱形，呈油绿或翠绿色，表面有柔软的小刺

为一年生草本植物。茎枝伸长，有棱沟，被白色的糙硬毛；膜质叶片呈宽卵状心形；雌雄同株，雄花数朵在叶腋簇生，花梗纤细，花冠为黄白色，裂片呈长圆状披针形；果实近圆柱形，呈油绿或翠绿色，表面有柔软的小刺；白色种子小，呈狭卵形。

叶片呈宽卵状心形，膜质

你知道吗？

黄瓜富含维生素 B_2、维生素 C、维生素 E、胡萝卜素、烟酸、钙、磷、铁等营养物质。

🌱 小贴士

黄瓜汁能降火气，排毒养颜。

营养档案
每 100 克黄瓜中含：
能量·················63 千焦
碳水化合物·········2.9 克
钠 ·················4.9 毫克
镁 ·················15 毫克
磷 ·················24 毫克
钾 ·················102 毫克
钙 ·················24 毫克
铁 ·················0.5 毫克
烟酸·················0.2 毫克
维生素 C·············9 毫克
维生素 E·········0.49 毫克

美食小窍门

黄瓜皮含丰富的营养物质，应当保留生吃。但黄瓜皮上有农药残留，应在盐水中泡 15～20 分钟再洗净生食。用盐水泡黄瓜时要保持黄瓜的完整，以免营养物质流失。凉拌黄瓜应现做现吃，放置过久会使维生素流失。

生长习性

喜湿而不耐涝，喜肥而不耐肥，宜选择富含有机质的肥沃土壤。

分布区域

■原产自印度，在我国全国各地均有栽培。

鉴别

乳黄瓜　为扬州地方品种。瓜长8~14厘米，横径1.3厘米左右时采收，可作"乳黄瓜"的腌制原料。

长春密刺　原是山东新泰地方品种"小八杈"，后从长春传向华北各地，故名。果实长25~30厘米，横径3厘米左右，表皮呈深绿色，刺瘤小而密，刺呈白色，棱不明显。平均单瓜重200克左右。体形长，是"拍黄瓜"的最适宜品种。

粤秀1号　瓜呈棒形，长33厘米左右，早熟，适宜春秋露地栽培。皮比一般黄瓜要厚，耐储藏。

欧盛2号油瓜　果实呈深绿色，光滑无刺，瓜条顺直，整齐均匀。果肉厚，产量高。

新泰密刺　该品种茎粗，主蔓结瓜，回头瓜也多。果实长25厘米左右。

日本小黄瓜　植株蔓生，生长势强，抗病、耐热。瓜短棒形，瓜皮浅绿色，肉质脆嫩，清香。

汉中秋瓜　为汉中地方品种。果实较小，表皮呈淡绿色，刺瘤少。耐高温，抗病性强。

水果黄瓜　果实长约10厘米，果皮无棘，肉质香甜。家庭室内四季可种。

荷兰小黄瓜　被称为"迷你黄瓜"。植株蔓生，果实长约10厘米，果皮无棘，肉质香甜。因其表皮柔嫩光滑、色泽均匀、口感脆嫩、瓜味浓郁，可当水果生吃，因此又被称为"水果黄瓜"，是市场上较为畅销的蔬菜、水果兼用品种。

园丰元6号青瓜　瓜条直顺，深绿色，有光泽，白刺，刺瘤较密，瓜把短，品质优良，产量高。

早青2号　是广东省农科院蔬菜所培育的华南型黄瓜一代杂种，生长势强。瓜呈圆筒形，皮色深绿，瓜长21厘米左右，品质好。

兴绿菜瓜　瓜皮呈深绿色，夹有浅白色条纹，果实长粗棒形。瓜肉未熟时为青白色，肉厚，可热炒，可凉拌，脆嫩可口；成熟后果瓤为橘红色，果肉香甜酥脆，单瓜重1~3千克。

海阳白玉黄瓜　俗称"白黄瓜"，又名"梨园白"。叶色浅绿。瓜条圆筒形，粗细均匀。瓜色浅白绿色，有光泽，无棱沟，刺瘤少，果肉白色，质脆，口味佳。

北京大刺瓜　长势中等，果实呈棒状。表面有10条纵棱，刺瘤大，刺白色。果实内部种子少，单性结实性强。肉脆味香，品质极佳。

中农8号　瓜呈条棒形，瓜把短，瓜皮色深绿、有光泽，无黄色花条斑，瘤小，刺密，白色，无棱，肉质脆，味甜，品质佳。瓜长35~40厘米，含有丰富的维生素E。

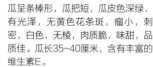

津春4号青瓜　主蔓结瓜，较早熟，长势中等。瓜长棒形，长35厘米左右。适宜春秋露地栽培。

碧玉黄瓜　为欧洲光皮水果型黄瓜一代杂种，主蔓结瓜为主。瓜条直，果肉厚，种子腔小，无刺，瓜色碧绿，口味清香脆嫩。

山药

又名薯蓣、怀山药、淮山药、土薯、山薯、山芋、玉延。
薯蓣科薯蓣属。

　　山药学名薯蓣，多年生草本植物。块茎为食用部分，长圆柱形，垂直生长；茎蔓生长时常带紫色；叶子对生，呈卵形或椭圆形；花为乳白色，雌雄异株；蒴果不反折，呈三棱状扁圆形或三棱状圆形，外被白粉；种子着生于每室中轴中部，四周有膜质翅。

新鲜时断面白色，富黏性，干后呈白色粉质

你知道吗？

　　山药含大量的蛋白质、各种维生素和微量元素、碳水化合物，还含有较多的药用保健成分，如尿囊素、山药素、胆碱和盐酸多巴胺等，是营养价值很高的药食同源食品。

如何挑选山药？

　　山药上面的毛越多，说明山药的营养价值越高、口感越好。

　　选择稍重的山药，水分足，够新鲜，有非常丰富的营养价值。

　　外表光滑细腻的山药较好，外表粗糙的山药里面有可能是空心的。

分布区域

■世界范围内分布于朝鲜、日本等。

■在我国各地均有分布，盛产于台湾、广东、四川、贵州、云南北部、陕西南部、甘肃东部，以及华中、华东大部分地区。

生长习性

　　喜光，耐寒性差，忌水涝，宜在排水良好、疏松肥沃的土壤中生长。

鉴别

山薯 块茎为长圆柱形，干时外皮不脱落。蒴果呈三棱状扁圆形，果期为12月至次年1月，生长于海拔50~1150米的山坡、山凹、溪沟边或路旁的杂木林中。

怀山药 河南省的沁阳市、孟州市、温县、博爱县、武陟县、修武县在古代隶属怀庆府，因此这里出产的山药被称为"怀山药"，简称"怀山"。怀山药产量大、品质优良、药用价值较高，自古以来备受医家推崇，与怀牛膝、怀地黄、怀菊花一起被称为"四大怀药。"

参薯 块茎变异大，有长圆柱形、圆锥形、球形、扁圆形。重叠，或有各种分枝。块茎通常外皮为褐色或紫黑色，断面白色带紫色。

日本薯蓣 块茎为圆柱形，垂直生长，直径3厘米左右，表面呈棕黄色，断面呈白色。块茎可入药，也可当蔬菜食用。

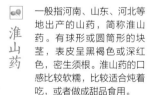

淮山药 一般指河南、山东、河北等地出产的山药，简称淮山药。有球形或圆筒形的块茎，表皮呈黑褐色或深红色，密生须根。淮山药的口感比较软糯，比较适合炖着吃，或者做成甜品食用。

铁棍山药 怀山药中的精品，河南温县为其地理标识原产地。肉质较硬，粉性足，断面细腻，呈白色或略显牙黄色，黏液少。按栽培土壤的不同被分为沙土铁棍山药和垆土铁棍山药。

营养档案
每100克山药中含：
能量……………234 千焦
蛋白质……………1.9 克
膳食纤维…………0.8 克
碳水化合物………12.4 克
钾……………213 毫克
磷……………34 毫克
镁……………20 毫克
钠……………18.6 毫克
钙……………16 毫克
铁……………0.3 毫克
烟酸……………0.3 毫克
维生素 C…………5 毫克

西葫芦

又名角瓜、茭瓜、白瓜、番瓜、美洲南瓜、云南小瓜、菜瓜、荨瓜。
葫芦科南瓜属。

果实呈长椭圆形，表面光滑

为一年生蔓生草本植物。茎呈圆柱形，有棱沟，被毛；叶片质硬，挺立，呈三角形或卵状三角形，边缘有锐齿，上面呈深绿色；雌雄同株，雄花单生，黄色花冠呈钟状；瓜呈长椭圆形，表面光滑；瓜皮为绿色，具有黄绿色不规则条纹；瓜肉呈绿白色。

果肉呈绿白色

你知道吗？

西葫芦含有较多维生素C、葡萄糖及其他营养物质，尤其是钙的含量极高，不含脂肪。

生长习性

耐寒而不耐高温，喜湿润，不耐干旱，对土壤要求不严格，砂质土、黏质土均可栽培，土层深厚的壤土易获高产。

营养档案

每 100 克西葫芦中含：

能量	80 千焦
碳水化合物	3.8 克
钠	5 毫克
镁	9 毫克
磷	17 毫克
钾	92 毫克
钙	15 毫克
铁	0.3 毫克
烟酸	0.2 毫克
维生素 C	6 毫克
维生素 E	0.34 毫克

分布区域

■原产于北美洲南部，现在世界各地均有栽培，以欧洲、美洲最为普遍。

■我国于 19 世纪中叶开始从欧洲引入栽培，现在全国各地均有栽培。

西蓝花

又名西兰花、青花菜、绿花菜、绿花椰、美国花菜。
十字花科芸薹属。

为一年或二年生草本植物。根茎粗大，
表皮薄；叶片中抽出花茎，顶端群生花蕾，
紧密群集成花球状、半球形，花蕾呈青
绿色，为食用部位；叶色蓝绿互生，逐
渐转为深蓝绿，蜡质层增厚，叶柄狭长，
叶形分阔叶和长叶。

球状花蕾紧密群集

你知道吗？

西蓝花富含蛋白质、碳水
化合物、脂肪、矿物质、维生
素C和胡萝卜素等，钙、磷、铁、
钾、锌、锰等矿物质含量也很
丰富。

营养档案

每 100 克西蓝花中含：

能量················ 151 千焦

蛋白质··············· 4.1 克

碳水化合物········· 4.3 克

膳食纤维············· 1.6 克

维生素 A·······1202 微克

维生素 B_1·····0.07 毫克

烟酸················0.9 毫克

维生素 B_6·····0.17 毫克

维生素 C··········51 毫克

维生素 E········0.91 毫克

知识典故

西蓝花中含的维生素种类
非常齐全，这是它营养价值高
于一般蔬菜的重要原因。

🌿 小贴士

西蓝花虽然营养丰富，但常有
农药残留，易生菜虫，在吃之
前一定要放在盐水里浸泡几分
钟，这样既可驱赶菜虫，还有
助于去除残留农药。

分布区域

■在世界范围内分布于朝鲜、日本等。

■我国各地均有分布，盛产于南方地区，北方的栽培面积也逐年扩大。

生长习性

生长过程中喜欢充足的光照，
具有很强的耐寒和耐热性。对土
壤条件要求不高，但过于贫瘠则
植株会发育不良。

花椰菜

又名花菜、菜花等。
十字花科芸薹属。

总状花序，花淡黄
色，后变成白色

为一年生草本植物，被粉霜。茎直立，有分枝，茎顶端有1个由总花梗、花梗和未发育的花芽密集成的乳白色肉质头状体，为食用部位；基生叶及下部叶呈长圆形至椭圆形，灰绿色；总状花序顶生及腋生，花为淡黄色，后变成白色；长角果呈圆柱形；棕色种子呈宽椭圆形。

基生叶及下部叶长圆
形至椭圆形，灰绿色

你知道吗？

花椰菜营养比一般蔬菜丰富，含有蛋白质、脂肪、碳水化合物、多种维生素和钙、磷、铁等矿物质。质地细嫩，味甘鲜美，食后极易消化吸收。

鉴别

📖 从日本最新引进的保健型紫色花菜，甜脆可口，品质极佳。

紫色花菜

📖 花球黄金色，是胡萝卜素含量较高的保健蔬菜，适合拌沙拉生食。

黄色花菜

营养档案
每 100 克花椰菜中含：
能量·············100 千焦
蛋白质 ·············2.1 克
钠 ·················32 毫克
镁 ·················18 毫克
磷 ·················47 毫克
钾 ················200 毫克
钙 ·················23 毫克
维生素 C·········61 毫克

生长习性

喜冷凉，属半耐寒蔬菜，既不耐高温干旱，亦不耐霜冻。0℃以下易受冻害，25℃以上形成花球困难。

根系发达，再生能力强，适于育苗移栽。

对土壤的适应性强，但在有机质高、土层深厚的沙壤土中长势最好。

🌿 小贴士

现代医学发现，花椰菜有分解致癌物质的能力，因为花菜富含多种吲哚类衍生物，现被列入保健食品。

分布区域

■ 原产于地中海沿岸，现在世界各地均有栽培。

■ 19 世纪传入我国，最初只在天津、上海等地偶有种植，现在全国各地均有栽培。

豌豆

又名麦豌豆、寒豆、麦豆、雪豆、毕豆、麻累、国豆等。豆科豌豆属。

荚果长椭圆形或扁形

为一年生攀缘草本植物，全株为绿色，被粉霜。主根、侧根均有根瘤，小叶呈卵圆形，全缘；花为白色或紫红色，单生或总状腋生，花瓣呈蝴蝶形；荚果呈长椭圆形或扁形，内侧有坚硬纸质的内皮；种子呈圆形、青绿色，干后变为黄色，供食用。

种子圆形，青绿色，干后变为黄色

你知道吗？

豌豆营养丰富，特别是 B 族维生素的含量很高，还含有较多的胡萝卜素、维生素 C 及矿物质等营养成分，常食有助于提高机体免疫力。

营养档案

每 100 克豌豆中含：

能量	465 千焦
蛋白质	20.3 克
脂肪	1.1 克
维生素 B_1	0.74 毫克
烟酸	2.4 毫克
维生素 B_6	0.12 毫克
维生素 E	8.47 毫克

饮食宜忌

1. 豌豆含有大量的植物蛋白，难消化，脾胃脆弱的幼儿和老人慎食。

2. 豌豆属于产气食物，吃太多容易引起腹胀、打嗝。

3. 市场上豌豆粉丝为了追求劲道的口感，多会加入明矾。

4. 豌豆与羊肉同食会上火。

5. 豌豆与菠菜同食会形成草酸钙，容易导致肾结石。

6. 甲状腺病变人群不食豌豆为佳。

生长习性

属于长日照作物，喜温和湿润气候，耐寒，不耐热，对土壤要求不严格，以疏松、含有机质较高的中性土壤为宜。

分布区域

■原产于地中海和中亚地区，是世界重要的栽培作物之一。

■我国主要分布在中部、东北部地区。江苏、河南、湖北、四川、青海等地广为栽培。

杏鲍菇

又名刺芹侧耳、芹侧耳、芹平菇、干贝菇、雪茸。
侧耳科侧耳属。

杏鲍菇幼时菌盖缘向内卷，成熟后
呈波浪状或深裂，菌盖宽 2~12 厘米，
初期为拱圆形，后逐渐平展，成熟时中
央浅凹至漏斗形，表面有丝状光泽；
菌肉呈白色，无乳汁分泌。

菌盖初呈拱圆形，
后逐渐平展

菌肉白色，无乳汁
分泌

营养档案

每 100 克杏鲍菇中含：

能量	130 千焦
蛋白质	1.3 克
碳水化合物	8.3 克
膳食纤维	2.1 克
灰分	0.7 克
钠	3.5 毫克
镁	9 毫克
磷	66 毫克
钾	242 毫克
钙	13 毫克
烟酸	3.68 毫克
泛酸	1.61 毫克

你知道吗?

杏鲍菇营养很丰富，富含
蛋白质、碳水化合物、维生素
及钙、镁、铜、锌等矿物质，
常食可帮助提高人体免疫力。

生长习性

属于中低温结实性菌类，子
实体发育适宜温度为 10~15℃。

小贴士

1. 杏鲍菇是高度易腐烂的蔬菜，
需要在收获后立刻处理。杏鲍菇
鲜菇含水量高达 90%，在 4℃条
件下可保存 10 天左右；在 10℃
可保存五六天；在 15 ~ 20℃条
件下可保存两三天。

2. 杏鲍菇贮藏的另一重要方法
是干燥处理，如热空气、真空、
微波、冷冻干燥和自然干燥等。

分布区域

■我国大部分地区均有分布。
■世界范围内分布于欧洲南部、非洲北部以及中亚地区的高山、草原、
沙漠地带。

芝麻菜

又名臭菜、东北臭菜。
十字花科芝麻菜属。

基生叶片羽状分裂

为一年生草本植物。因本身散发着芝麻的味道，所以称为芝麻菜。茎直立，上部常有分枝，且上有稀疏长硬毛或者近乎没有。基生叶多为羽状分裂，细齿，顶部裂片呈卵形，侧面裂片呈卵形或者三角状卵形。

功能特效

芝麻菜含有大量的草酸和果酸，还有人体必需的氨基酸、钙、钾等多种矿物质。

小贴士

1. 吃芝麻菜时，要清洗干净并去除根和纤维茎，因其生长于沙和土里，叶子上沙土较多。
2. 不要用水浸泡，否则会破坏芝麻菜鲜亮的外观。

分布区域

■在我国分布于河北、辽宁、黑龙江、山西、内蒙古、四川、陕西、甘肃、青海、新疆等地。

■世界范围内分布于欧洲北部、亚洲西部及北部、非洲西北部。

营养档案

每 100 克芝麻菜中含：

能量	105 千焦
蛋白质	2.6 克
碳水化合物	3.7 克
钠	27 毫克
镁	47 毫克
磷	52 毫克
钾	369 毫克
钙	160 毫克
烟酸	0.31 毫克
叶酸	97 微克
维生素 C	15 毫克

你知道吗？

芝麻菜种子可榨油，含油量达 30%。

芝麻菜有兴奋、利尿和健胃的功效，对久咳有特效。

生长习性

性喜温暖湿润的气候，且抗寒、抗盐碱性较强，在大多数的土壤中都能生长。其直根发达，根系入土较深，适合生长在海拔800 米以上山区的农田荒地。

羽衣甘蓝

又名叶牡丹、牡丹菜、花包菜、绿叶甘蓝。
十字花科芸薹属。

叶片肥厚，倒卵形，被有蜡粉

为二年生草本植物。植株高大，根系发达；花像牡丹，大朵富丽，莲座状叶丛；果实为角果，扁圆形，茎短缩，密生叶片；倒卵形叶片肥厚，被有蜡粉，深度波状皱褶，呈鸟羽状；花序总状，虫媒花；种子呈圆球形，褐色。嫩叶可以炒食、凉拌、做汤，在欧美多用于沙拉。

 小贴士

羽衣甘蓝不但是清鲜味美的蔬菜，而且叶片形态美观，层层叠叠的心叶的色彩绚丽如花，整株远观酷似一朵盛开的牡丹，人们形象地称之为"叶牡丹"，而且又耐霜冻，在百花凋零的冬季和早春，经常被种植在大城市的公园里作为布置露地花坛、花台及盆栽陈设美化之用。

营养档案

每100克羽衣甘蓝中含：

能量	126 千焦
蛋白质	2.5 克
碳水化合物	5.7 克
膳食纤维	3.6 克
钠	20 毫克
镁	9 毫克
磷	10 毫克
钾	169 毫克
钙	145 毫克
叶酸	166 微克
维生素 C	35.3 毫克
维生素 E	2.26 毫克

你知道吗？

羽衣甘蓝含有大量的维生素 A、维生素 B_2、维生素 C 及多种矿物质，其中维生素 C 含量非常高，可与西蓝花媲美。

生长习性

喜冷凉气候，极耐寒，不耐涝。可忍受多次短暂的霜冻，耐热性也很强。

分布区域

■主要分布在我国各大城市。

苦菊

又名苦苣、苦苣菜、苦菜、狗牙生菜等。
菊科菊苣属。

大头羽状深裂，
倒披针形的叶

为一年生或二年生草本植物，株高 40~150 厘米，直立，单生。茎不分枝或上端有较短的总状花序或伞房花序状分枝，上有纵条棱或条纹。叶基生，羽状深裂，呈长椭圆形或倒披针形，也可见大头羽状深裂，倒披针形的叶。舌状花较多，鲜黄色。瘦果褐色，呈椭圆形或长椭圆状倒披针形。

茎不分枝或上端有较短
的总状花序或伞房花序
状分枝

生长习性

生于山坡或山谷林缘、林下或平地田间、空旷处或近水处，是一种中生阳性植物。喜潮湿且疏松肥沃的土壤，以微酸性至中性的沙壤土最好。

美食小窍门

苦菊凉拌着吃美味又减脂，但要注意以下几点：

1.苦菊应避免用生水清洗，淡盐水浸泡几分钟后用饮用水冲干净。

2.凉拌时也可以加一些紫甘蓝、胡萝卜丝。

3.可配一些花生或芝麻，如果怕花生的脂肪高，可以换成蒜米，爆香一下也很好吃。

营养档案

每 100 克苦菊中含：

能量	109 千焦
碳水化合物	4.7 克
蛋白质	3.1 克
膳食纤维	5.4 克
钙	66 微克
磷	41 微克
钾	180 微克
钠	31.6 微克
镁	37 微克
维生素 C	19 微克

你知道吗？

苦菊含有蛋白质、维生素C、胡萝卜素及钙、磷、铁等多种矿物质，且所含膳食纤维非常丰富，有清热消炎功效。

分布区域

■全国各地均有栽培。

小贴士

苦菊清洗时需要用盐水浸泡 30 分钟，以灭杀肉眼难以看见的寄生虫。

紫苏

又名桂荏、白苏、赤苏等。
唇形科紫苏属。

叶膜质或草质

一年生草本植物。茎高 0.3~2 米，绿色或紫色，钝四棱形，具四槽，密被长柔毛。叶为主要食用部位，阔卵形或圆形，先端短尖或突尖，密被长柔毛。轮伞花序2 花，组成长顶生及腋生总状花序；花萼钟形。小坚果近球形，灰褐色，具网纹。花期 8~11 月，果期 8~12 月。

小坚果近球形，灰褐色

叶两面呈绿色或紫色

叶呈阔卵形或圆形，先端短尖或突尖，边缘在基部以上有粗锯齿

营养档案

每 100 克紫苏中含：

能量	728 千焦
蛋白质	0.2 克
脂肪	11.9 克
膳食纤维	60.6 克
碳水化合物	16.4 克
钙	78 毫克
钾	65 毫克
磷	68 毫克
钠	362.8 毫克
核黄素	0.23 毫克

你知道吗？

紫苏含有膳食纤维、碳水化合物、维生素、紫苏醛、薄荷酮等物质。

小贴士

1. 紫色嫩叶可生食、做汤，还可以当香料。
2. 烤肉时用一片紫苏包裹，可解腻增香。

生长习性

适应性很强，对土壤要求不严，适合在排水良好的沙壤土、黏壤土中生长。

分布区域

■主要分布在中国、日本、朝鲜、韩国、印度、缅甸、印度尼西亚等地。

茴香

又名怀香、香丝菜、小茴香、茴香菜、茴香苗等。
伞形科茴香属。

为多年生草本植物。全株有特殊香辛
味，表面有白粉。茎呈圆柱形，上
部多分枝，有细纵纹，带粉绿色；
基生叶丛生，茎生叶互生，向上渐短，
基部呈鞘状包茎；夏季开黄色花，复
伞形花序；卵状长圆形双悬果，表面
黄绿或淡黄色，分果呈长椭圆形。茴香
的嫩苗可以做馅料，果实可以当调味品。

茎圆柱形，上部多
分枝，具细纵纹，
带粉绿色

叶3～4回羽状
分裂，线形或丝
状，尖头

你知道吗？

茴香的主要营养物质有蛋
白质、脂肪、膳食纤维、茴香
脑、茴香酮和茴香醛等。

夏季开黄色花，
复伞形花序

生长习性

喜温暖，抗旱怕涝，应选择
土层深厚、盐脱良好、通透性强、
排水好的沙壤土或轻沙壤土种植。

双悬果，呈卵状
长圆形，表面黄
绿或淡黄色

营养档案
每100克茴香中含：
能量 ………… 113 千焦
蛋白质 …………… 2.5 克
碳水化合物 ……… 4.2 克
钙 ……………… 154 毫克
钾 ……………… 149 毫克
维生素 A………402 微克

分布区域

■原产自地中海地区。在我国全国各地均有栽培。

小贴士

茴香全身是宝，是一种价值很
高的优良辛香料，是不可缺少
的食品调味香料，还有很高的
药用价值，同时也可作为饲料
添加剂等。

种植期

1 2 ③ ④ 5 6 7 8 ⑨ 10 11 12

苦瓜

又名凉瓜、锦荔枝。
葫芦科苦瓜属。

花瓣黄色

为一年生草本植物。浓绿色茎蔓
生；叶互生，掌状深裂，
绿色；花单生，花瓣黄色；
果实呈纺锤形、短圆锤形、
长圆锤形，表皮有青绿、绿
白与白色，成熟时为黄色，
红色瓜瓢；种子扁平，呈
龟甲状，淡黄色，种皮较厚，
表面有花纹。

淡黄色，种皮较
厚，表面有花纹

种子扁平，呈龟
甲状，淡黄色

生长习性

喜温，较耐热，不耐寒，
喜阳光而不耐阴，在肥沃疏
松，保水、保肥力强的壤土
中生长良好。

营养档案

每 100 克苦瓜中含：

能量·················80 千焦

膳食纤维··········· 1.4 克

胡萝卜素········100 微克

钠 ·················2.5 毫克

钾 ···············256 毫克

钙 ·················14 毫克

叶酸···············72 微克

维生素 C···········6 毫克

古籍名医录

李时珍曰："苦瓜原出南番，
今闽、广皆种之。五月下子，生
苗引蔓，茎叶卷须，并如葡萄而
小。七八月开小黄花，五瓣如碗
形。结瓜长者四五寸，短者二三
寸，青色，皮上痱如癞及荔枝壳
状，熟则黄色自裂，内有红瓤裹
子。瓤味甘可食。其子形扁如瓜
子，亦有痱。南人以青皮煮肉及
盐酱充蔬，苦涩有青气。"

你知道吗？

苦瓜含有蛋白质、脂肪、
淀粉、钙、磷、铁、胡萝卜素、
维生素 B_1、维生素 B_2 和维生
素 C 等营养物质，夏季宜多吃
苦瓜。

分布区域

■苦瓜原产自东印度，现在全世界广泛栽培，主要分布于热
带到温带地区。

■我国南北方均普遍栽培。

薄荷

又名鱼香草、人丹草、蕃荷菜、野薄荷、夜息香等。唇形科薄荷属。

叶片长圆状披针形或卵状披针形，柄长被微柔毛

为多年生草本植物，茎直立，多分枝。叶片呈长圆状披针形或卵状披针形；轮伞花序腋生，轮廓球形，花梗纤细，花萼管状如钟形，外被微柔毛及腺点，花冠呈淡紫色；小坚果呈卵珠形，黄褐色，具有小腺窝。可制成薄荷茶、薄荷汤、薄荷粥等，还可以用作配酒、茶、饮料等的调味剂。

花冠淡紫，花盘平顶

生长习性

喜温和湿润环境，适应性很强。以疏松肥沃、排水良好的沙壤土为佳。

你知道吗？

薄荷富含维生素 A 及钙、镁、钾等矿物质。

分布区域

■我国各地均普遍栽培，主产于江苏、浙江、江西，以江苏、安徽两省产量最大。

营养档案

每 100 克薄荷中含：

能量	117 千焦
蛋白质	2 克
碳水化合物	1.7 克
膳食纤维	4.2 克
镁	30 毫克
磷	32 毫克
钾	420 毫克
钙	230 毫克
叶酸	64 微克
维生素 C	53 毫克

饮食宜忌

1. 阴虚血燥，肝阳偏亢，表虚汗多者忌服。

2. 薄荷有抑制乳汁分泌的作用，怀孕期间、哺乳期间的妇女避免使用。

3. 薄荷有芳香辛散之效，肺虚咳嗽、阴虚发热多汗的患者应慎用。

🌿小贴士

1. 薄荷是药用价值很高的中药之一。

2. 薄荷性凉、味辛，可用于发汗解热，可用于治疗流行性感冒、头疼、目赤、身热、咽喉、牙龈肿痛等症。

3. 薄荷外用可治疗神经痛、皮肤瘙痒、皮疹和湿疹等。

4. 人们常以薄荷代茶，清心明目，气味清香。

豆瓣菜

又名西洋菜、水芥菜、水瓮菜、水蔊菜等。十字花科豆瓣菜属。

单数羽状复叶，小叶片宽卵形、长圆形或近圆形，浓绿色

多年生水生草本植物，为药食两用蔬菜，全草均可入药。全株无毛，有较多分枝。茎高 20 ～ 40 厘米。其种子细小，呈扁椭圆形，黄褐色。嫩茎叶经焯水过后可以凉拌、炒食，也可以做成汤、馅料或腌制。

总状花序顶生，花瓣白色，呈倒卵形，具脉纹

生长习性

喜凉爽，忌高温。

常野生于水中、水沟边、山涧河边、沼泽地或水田中。

功能特效

豆瓣菜食用部分为嫩茎叶部分，性凉味甘，具有清肺热、润肺燥的功效。

你知道吗?

豆瓣菜营养物质比较全面，其中超氧化物歧化酶（即 SOD）的含量很高，是一种能益脑健身的保健蔬菜。

营养档案
每 100 克豆瓣菜中含：
能量……………84 千焦
蛋白质……………2.9 克
脂肪……………0.5 克
膳食纤维 …………1.2 克
烟酸……………0.3 毫克
维生素 C………52 毫克
维生素 E……… 0.59 毫克

分布区域

■我国黑龙江、河北、山西、山东、河南、安徽、江苏、广东等地都有栽培。

 小贴士

豆瓣菜偏凉性，易上火的人群经常食用对身体十分有益。

薤白

薤白

> 又名小根蒜、山蒜、苦蒜、小么蒜、小根菜等。
> 石蒜科葱属。

多年生草本植物。鳞茎单生，近球形；苍绿色叶互生，呈半圆柱状狭线形，中空，内皮白色；叶上有纵棱，沿纵棱具细糙齿；伞形花序密而多花顶生，花呈淡紫色或淡红色，花被片呈矩圆状卵形至矩圆状披针形。

生长习性

喜较温暖湿润气候，以疏松肥沃、富含腐殖质、排水良好的沙壤土为佳。

叶互生，苍绿色，
呈半圆柱状狭线形

鳞茎单生，卵球状或
近球状，膜质，内皮
白色

伞形花序密而多花，
近球形，顶生，花呈
淡紫色或淡红色

你知道吗？

薤白含有蛋白质、烟酸、碳水化合物、膳食纤维、维生素 A、维生素 B_2、维生素 C、维生素 E、胡萝卜素，以及钙、镁、铁、锌和锰等矿物质。

花被片呈矩圆状卵
形至矩圆状披针形

营养档案

每 100 克薤白中含：

能量	519 千焦
蛋白质	3.4 克
碳水化合物	27.1 克
磷	53 毫克
钙	100 毫克
铁	4.6 毫克
维生素 A	15 微克
烟酸	1 毫克
维生素 C	36 毫克

分布区域

■分布于长江流域及北方各省区。

小贴士

可炒食，盐渍或糖渍亦可。

苋菜

又名青香苋、红苋菜、雁来红、老来少等。苋科苋属。

一年生草本植物。根系比较发达；茎粗壮，常分枝；叶互生，呈卵形、菱状卵形或披针形，有黄、绿、红、紫等颜色。品种很多，依叶形可分为圆叶种和尖叶种。圆叶种叶为圆形或卵圆形，叶面常皱缩，生长较慢，抽薹开花较迟，品质好；尖叶种叶为披针形或长卵形，先端尖，生长快，易抽薹开花，产量低，品质差。

叶互生，呈卵形、菱状卵形或披针形，有黄、绿、红、紫等颜色

茎粗壮，常分枝

营养档案

每100克苋菜中含：

能量··············147 千焦
蛋白质·············2.8 克
碳水化合物········5.9 克
膳食纤维···········1.8 克
维生素 A········248 微克
维生素 B$_2$·······20.1 毫克
烟酸··············0.6 毫克
维生素 C··········30 毫克
维生素 E·······1.54 毫克

生长习性

喜温暖湿润的气候，较耐热。

对空气湿度要求不严，要求土壤湿润、不耐涝。

高温短日照条件下易抽薹开花，食用价值降低。

对土壤要求较低，沙壤土或黏壤土均可栽培。

分布区域

■原产于我国、印度及东南亚等地。

■我国各地均有栽培，遍布小陇山林区，有时为野生。

🍃小贴士

1.苋菜常用烹调方法有炒、炝、拌、做汤、下面、制馅。

2.苋菜烹调时间不宜过长。

鉴别

红苋菜
紫红色的茎直立，分枝多。叶也为紫红色，叶子大且密，微微往下垂，几株放在一起颜色紫红，像是新娘的捧花一般，适合煲粥。

木耳苋
为南京市地方品种。卵圆形叶片较小，色深绿发黑，叶面有皱褶。

大红袍
叶片呈卵圆形，叶面微皱，红色；叶背为紫红色，叶柄为浅紫红色。整体像由绿色渐变到红色，外轮廓像一层绿色包围着紫红色，很漂亮。

圆叶红苋
紫红色叶片呈卵圆形或近圆形，有光泽。叶片边缘有窄的绿边，叶柄红色带绿。叶肉较厚，质地柔嫩，品质中等。早熟，耐热性中等。

彩色苋
又名"花红苋菜"，叶片边缘绿色，叶脉附近为紫红色，叶互生，全缘，叶片呈卵圆形，叶面稍皱。耐热性较强，但不耐寒，早熟。质地柔嫩，产量高，适于早春及夏季播种。

你知道吗？

苋菜中含有丰富的铁、钙、磷等矿物质，也含有大量胡萝卜素和维生素C，是营养价值极高的蔬菜。

苋菜的叶、种子和根均可药用，有清热解毒、利尿除湿、通利大便的功效。

苋菜的种子又称"苋米"，苋米含蛋白质高达20%，不含胆固醇，易消化，能清肝明目，通利二便。

苋菜汁可治咽喉肿痛、扁桃腺炎。

尖叶红米苋
叶片呈长卵圆形，先端钝尖，叶边缘绿色，叶脉附近紫红色，叶柄红色带绿。耐热性中等，较早熟。

红苋
叶片、叶柄及茎为紫红色。叶片呈卵圆形，叶面微皱，叶肉厚，质地柔嫩。耐热性中等，适于春播。

柳叶苋
叶呈披针形，边缘向上卷曲成汤匙状，叶片为绿色，叶柄为青白色。

鸳鸯红苋菜
叶片呈卵圆形，叶面微皱，叶为柄淡红色。茎绿色带红，侧枝萌发力强，播种较稀时可多次采收嫩茎枝。从播种到采收约40天。品质好，茎、叶不易老化。

尖叶花红菜
为广州市地方品种。叶片长卵形，先端锐尖，叶面平，叶边缘绿色，叶脉附近为红色，叶柄为红绿色。

知识典故

我国自古就将苋菜作为野菜食用。苋菜营养价值极高，民间有"六月苋，当鸡蛋；七月苋，金不换"的说法。

香菜

又名芫荽、芫菜、香荽、胡菜、原荽、园荽等。
伞形科芫荽属。

根生叶有柄，
叶片羽状全裂

为一年生或二年生草本植物，状似芹。根呈纺锤形，有多数纤细的支根，茎光滑、圆柱形，多条纹分枝，根生叶有柄，叶小而鲜嫩，茎纤细。味清香浓郁，是汤、饮中用于提味的佐菜，还用于做凉拌菜佐料，或面类食物提味用的佐菜。香菜味道独特，有些人对它十分喜爱，有些人则不喜欢。

营养档案

每 100 克香菜中含：

能量	130 千焦
蛋白质	1.8 克
碳水化合物	6.2 克
膳食纤维	1.2 克
钠	46 毫克
钾	272 毫克
钙	101 毫克
维生素 A	193 微克
叶酸	14 微克
维生素 C	48 毫克
维生素 E	0.8 毫克

花瓣呈倒卵形，
白色或带淡紫色

根呈纺锤形，有多
数纤细的支根

小贴士

1. 挑选香菜的时候需要看叶子是否新鲜，梗部有没有腐坏的地方以及根部的状态。

2. 香菜有促进骨肠蠕动、开胃的效果，食欲不佳者可以多食。

3. 香菜具有祛除寒气的效果，体质好的人偶尔可以用它来治疗感冒。

分布区域

■ 原产于欧洲地中海一带及西南亚和北非地区，现在世界各地均有种植。

■ 汉晋年间，香菜经西域传入我国，现在我国大部分省区均有栽培。

香菜

鉴别

北京香菜 为北京市郊区地方品种。栽培历史悠久。嫩株 30 厘米左右。叶片呈绿色，遇低温绿色变深或有紫晕。细长的叶柄为浅绿色。

原阳秋香菜 为河北省原阳县地方品种。植株高大，嫩株高 42 厘米，单株重 28 克，嫩株质地柔嫩，香味浓，品质好。

达尔文香菜 比较新的品种，具有香味浓、纤维少、品质佳的特点。株形美观，叶色翠绿，叶柄呈玉白绿色。

澳洲香菜 从澳大利亚引进，叶片绿、有光泽，产量高，香味浓，纤维少，是反季节蔬菜中的"宠儿"。

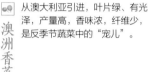

四季香菜 叶缘有波状浅裂，叶柄呈绿白色。香味浓郁，纤维少，品质优，四季均可栽培。嫩茎和鲜叶香味浓郁。

泰国香菜 叶呈绿色，边缘浅裂，叶柄白绿色，纤维少，香味浓，品质极优。

山东大叶香菜 为山东地方品种。梗细长，抱团成一株，叶片大，叶色浓绿，像伞一般从尖到宽，品质上等。

金门香菜 梗细长，根部比较少，叶片大，颜色深绿，青梗实心，香味特别浓郁。

你知道吗？

香菜营养丰富，含有维生素 B_1、维生素 B_2、维生素 C 和胡萝卜素等，同时还含有丰富的矿物质，如钙、铁、磷和镁等。其维生素 C 含量尤其丰富，一般人食用 7~10 克香菜叶就能满足人体对维生素 C 的需求。

将香菜叶洗净，用沸水冲泡饮用，具有排毒养颜的功效。

知识典故

香菜原产于地中海地区，公元前 1 世纪，西汉张骞出使西域时，从西域带回，后全国普遍种植。

生长习性

要求冷凉湿润的环境条件。
在高温干旱条件下容易生长不良。

茼蒿

又名蒿子秆、蒿菜、菊花菜等。
菊科茼蒿属。

茎高达70厘米，光滑无
毛或少毛，不分枝或自
中上部分枝

一回为深裂或几全裂，
二回为浅裂、半裂或深
裂，裂片卵形或线形

为一年生或二年生草本植物。花黄色
或白色，与野菊花很像。叶互生，长
形羽状分裂。茼蒿营养丰富，有蒿之
清气、菊之甘香，茎叶嫩时食用味道鲜美，
可入药。

鉴别

大叶茼蒿

又称"板叶茼蒿"，
叶宽大且厚，嫩枝短
而粗，纤维少，品质
好，产量高，但生长
慢，成熟较迟，全国
种植比较普遍。

又称"花叶茼蒿""细叶
茼蒿"，叶狭小且薄，但
香味浓，嫩枝细，生长
快。品质较差，产量低，
较耐寒，成熟稍早，栽培
较少。

小叶茼蒿

知识典故

在我国古代，茼蒿为宫廷佳
肴，所以又叫"皇帝菜"。

生长习性

对光照要求不严格，一般以
较弱光照为好。

在长日照条件下，营养生长
不能充分发展，很快会进入生殖
生长而开花结籽。

营养档案

每100克茼蒿中含：

能量 ·················88千焦
蛋白质 ··············· 1.9克
碳水化合物 ········· 3.9克
钙 ·····················73毫克
镁 ·····················20毫克
铁 ·····················2.5毫克
维生素C···········18毫克

你知道吗？

茼蒿除了含有维生素A、
维生素C之外，胡萝卜素的含
量也比较高，并含有丰富的钙、
铁，有"铁钙补充剂"之称。

茼蒿含有多种氨基酸、脂
肪、蛋白质以及钠、钾等矿物质，
可消除水肿、通利水便。

分布区域

■原产于欧洲地中海一带，在我国已有900多年的栽培历史。南北
各地均有种植，安徽、福建、广东、广西、湖北、河北、吉林等
地种植较多。

🌱 小贴士

1. 每天煮食500克茼蒿，可以
防治口臭、便秘。

2. 茼蒿具有独特的清香，除了
炒食之外，涮火锅必不可少。

莜麦菜

又名油麦菜、苦菜、牛俐生菜等。
菊科莴苣属。

叶片呈长披针形，
细长而平展

为一年生或二年生草本。须根系，茎短缩。叶茂，叶互生，呈长椭圆形，边缘为羽状深裂。花色为黄色，头状花序。味微苦。莜麦菜是由国外引进的蔬菜品种，外形有点像莴笋叶，叶多茎小，颜色为绿色，径从白渐变到绿，营养丰富，口感鲜嫩，生、熟食皆可，在蔬菜中有"凤尾"之称。

生长习性

耐热，耐寒，适应性强，喜湿润。

生长适温为 20~25℃。

根系浅，须根发达

营养档案

每100 克莜麦菜中含：

能量……………50 千焦
蛋白质……………1.1 克
碳水化合物………2.1 克
膳食纤维…………2.1 克
钠…………………32 毫克
镁…………………23 毫克
磷…………………26 毫克
钾………………164 毫克
钙…………………60 毫克
维生素 A………125 微克
叶酸………………78 微克
维生素 C…………2 毫克

鉴别

四季莜麦菜 长披针形叶，色泽淡绿。质脆鲜嫩，清香浓郁，口感香脆中带有微苦，这丝苦味没有影响它的口感，反而更加激发出它的清香，极受消费者的喜爱。

香莜麦菜 株高 30 厘米左右。叶披针形，绿色，品质细嫩，生食清脆爽口，熟食具有香米型香味。耐寒、耐热性均比较强。

你知道吗？

莜麦菜含有丰富的维生素 A、维生素 B$_1$、维生素 B$_2$，除此以外还含有钙、铁、硒等多种人体不可或缺的营养元素。

 小贴士

以叶片较长呈长披针形、色泽淡绿者为佳，口感极为鲜嫩、清香。

分布区域

■原产于欧洲地中海一带，现我国大部分地区都有种植。

蕨菜

又名拳头菜、猫爪菜、龙头菜、鹿蕨菜、蕨儿菜。碗蕨科蕨属。

根状茎长而横走，密被锈黄色柔毛，以后逐渐脱落，纤维可制绳缆。秆光滑，呈褐棕色，略有光泽，上面有1条浅纵沟。叶片呈三角形，嫩叶可食，称蕨菜；根状茎提取的淀粉称蕨粉，常用来凉拌，味鲜美；全株均可入药，有驱风湿、利尿、解热的功效；还可作驱虫剂。

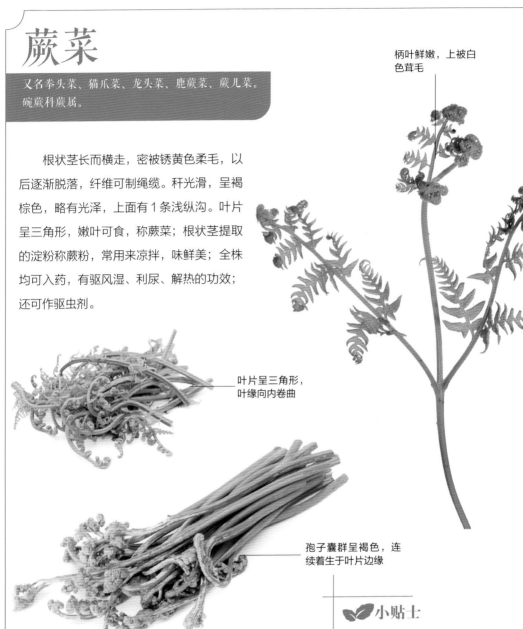

柄叶鲜嫩，上被白色茸毛

叶片呈三角形，叶缘向内卷曲

孢子囊群呈褐色，连续着生于叶片边缘

🌿小贴士

1. 野生蕨菜吃茎部，上面的蜷曲部需摘除，口感才更好，可以炒食，也可以晒成菜干，食用前用沸水烫煮或用温水泡发即可。

2. 蕨菜摘理干净后需焯水再炒食，没吃完的可以控去水分装好放冰箱保存。

3. 蕨菜具有清热解毒的效果，上火患者可以多食用。

分布区域

■我国各地均有分布，主产于长江流域及以北地区。

■世界范围内主要分布在亚热带地区，热带及温带地区也广有分布。

鉴别

山蕨菜

多年生草本植物。黑褐色的地下根茎长而横向伸展。叶由地下茎长出，略呈三角形，细脉羽状分枝。叶缘向内卷曲。

水蕨菜

根茎短而直立，叶片呈矩圆或卵状三角形。口感有野菜的清香，爽脆中又有嚼劲儿，带有微微的苦味。

甜蕨菜

茎的分枝少，顶部叶子多蜷缩且聚拢。茎部比较粗壮，颜色翠绿，看上去像一个个数字9一般。

苦蕨菜

茎秆颜色稍暗，顶部叶子微微张开，三叉分开，两边下垂，中间含苞，茎部笔直向前延伸。

营养档案

每100克蕨菜中含：

能量·················176 千焦

蛋白质·················6.6 克

碳水化合物········79.7 克

膳食纤维·············25.5 克

维生素 B_2············0.16 毫克

烟酸·················2.7 毫克

维生素 C·············3 毫克

蕨菜的采收

蕨菜长到 20 厘米左右，新叶尚未展开，如"拳头状"时应及时采收。过早采收产量低，过迟采收以及高温干旱都会使蕨菜的茎秆纤维素老化，影响鲜蕨的品质。

生长习性

大多生长在山区土质湿润、肥沃、土层较深的向阳坡上。

要求有机质丰富、土层深厚、排水良好、植被覆盖率高的中性或微酸性土壤。

蕨菜的储藏

新鲜的蕨菜用水泡可以保持其新鲜度，但要隔天换水。

可用草木灰水烫熟后晒干或备用，也可以速冻或盐渍。

你知道吗？

蕨菜富含氨基酸、多种维生素、微量元素，被称为"山菜之王"，是不可多得的美味野菜。

芥菜

又名盖菜、芥、挂菜等。
十字花科芸薹属。

基生叶宽卵形
至倒卵形

直立茎有分枝；基生叶呈宽卵形至倒卵形，顶端圆钝，基部楔形，大头羽裂，边缘均有缺刻或锯齿；花呈黄色，萼片呈淡黄色，直立开展；种子呈球形，紫褐色。在中国，芥菜主要有芥子菜、叶用芥菜、茎用芥菜、薹用芥菜、芽用芥菜和根用芥菜 6 个类型。芥菜为优良的蜜源植物，叶用盐腌制之后可供食用，种子及全草可入药，榨出的油称芥子油。

叶具刺毛

营养档案

每 100 克芥菜中含：

能量	67 千焦
蛋白质	1.8 克
碳水化合物	2 克
膳食纤维	1.2 克
维生素 B_2	0.11 毫克
烟酸	0.5 毫克
维生素 C	72 毫克
维生素 E	0.64 毫克

古籍名医录

《大理资志》载其为白药，种子用于"平肝明目，止血"。

《藏本草》载其为藏药，种子用于"胃寒吐食，心腹疼痛，腰痛肾冷，痈肿"。

《蒙药》载其为蒙药，种子用于"胸肋胀满，咳嗽气喘，寒痰凝结不化，阴疽，痰核；醋调外敷可治肿毒，关节痛"。

《图朝药》载其为朝药，种子治咳嗽。

分布区域

■ 起源于亚洲，欧美各国极少栽培。

■ 我国各地均有栽培。东至沿海，西达新疆，南至海南，北到黑龙江，从长江中下游平原到青藏高原均有栽培。

小贴士

芥菜的种子磨粉称芥末，为调味料。

鉴别

包心芥菜 叶片宽阔肥厚，叶柄呈宽扁形，成株后叶柄变短一些，叶柄基部无叶翼，以肥大宽厚的叶柄和叶球作蔬菜食用。包心芥菜主产于我国华南地区，是福建、广东、台湾、广西等地的特色蔬菜种类。

皱叶芥菜 茎直立，有分枝。皱多，叶大而软，稍有辣味，具有独特风味。盐渍用最好。还可以代替生菜和香芹，作为装饰蔬菜使用。

你知道吗？

芥菜含有丰富的维生素 A、B 族维生素、维生素 C、维生素 D 和胡萝卜素，还含有大量的膳食纤维。

金丝芥菜 浅根性，须根强大发达；叶片为长椭圆形，绿色；叶柄长而纤细，近圆形，内有浅沟，白中带浅绿色，质柔软而脆。

春不老 叶片稍小，肉质紧密，有茸毛，叶茎肥大如白菜，呈羽状或不整齐羽状分裂。叶片辛香浓烈。制成菹，称之为"春不老腌菜"；有蒸晒为梅干菜，称之为"春不老盐菜"。

生长习性

需较强光照条件，喜冷凉湿润，忌炎热干旱，不耐霜冻。

光照充足、通透性较好、保水保肥时品质好、生长快。

对土壤要求不高，但适宜在肥沃、土层深厚、灌排水条件良好的中性壤土中种植。

榨菜 为"茎用芥菜"。它是芥菜的一个变种，叶片大，膨大茎的叶柄下有1~5个瘤状突起。原产于我国西南地区，以膨大的茎供食用，其加工产品是榨菜，质地脆嫩，风味鲜美，香气扑鼻，营养丰富。

雪菜 为芥菜的变种。叶子深裂，边缘皱缩，花呈鲜黄色。一般将芥叶连茎腌制食用，具有解毒消肿的功效。

藜蒿

又名蒌蒿、芦蒿、水蒿、泥蒿、蒿苔、水艾、香艾。菊科蒿属。

花冠呈筒状，淡黄色

叶互生，中部叶密集，羽状深裂

多年生草本植物，植株具有清香气味。主根不明显，有侧根与纤维状须根。茎稍粗，直立或斜向上，初时为绿褐色，后为紫红色，有明显纵棱，下部通常半木质化。叶纸质，上面呈绿色。瘦果呈略扁的卵形，上端偶有不对称的花冠。藜蒿可食用部分为鲜嫩的茎秆，气味清香，味道鲜美，脆嫩爽口，有丰富的营养物质。

鉴别

昆明藜蒿　大叶白秆藜蒿，虽然口味、品质不如八卦洲藜蒿，但上市时间比八卦洲藜蒿长，一年四季都可上市。

八卦洲藜蒿　大叶青秆藜蒿，产自藜蒿之乡——南京八卦洲。当地人常常把自家多余的新鲜藜蒿晒成藜蒿干。至冬天万物萧条之际，一旦来客，即取出藜蒿干与猪肉同煮，做成藜蒿干烧肉。

生长习性

多生于低海拔地区的河湖岸边与沼泽地带。

分布区域

■原产于我国，大部分省区均有栽培。

■世界范围内，蒙古、朝鲜，以及俄罗斯的西伯利亚和远东地区也有分布。

营养档案

每100克藜蒿中含：

能量……………234 千焦
蛋白质……………3.7 克
钾 ………………40 毫克
磷 …………………8 毫克
镁 …………………2 毫克
钠 …………………1 毫克
维生素 C…………1 毫克

你知道吗？

除含维生素 C、碳水化合物、胡萝卜素、蛋白质外，藜蒿还富含硒、锌、铁等微量元素，是一种典型的保健蔬菜。

丝瓜

又名胜瓜、菜瓜、水瓜等。
葫芦科丝瓜属。

茎、枝粗糙，有棱沟，被微柔毛

　　为一年生藤本植物。茎、枝粗糙，有棱沟，被微柔毛；单叶互生，有长柄，叶片呈掌状心形，边缘有波状浅齿；雌雄同株，雄花为总状花序，雌花单生，有长柄，花冠为浅黄色；弧果呈短圆柱形或长棒形，绿色或墨绿色；种子呈扁矩卵形，黑、白或灰白色。

单叶互生，有长柄，叶片掌状心形

弧果短圆柱形或长棒形，绿色或墨绿色，表面粗糙并有数条墨绿色纵沟

鉴别

白玉香丝瓜

简称"白丝瓜"。该品种没有普通丝瓜的硬皮和涩味，外皮薄而酥软，纤维少，肉厚，味甜。

棱角丝瓜

瓜为长棒状，基部细，先端粗，瓜皮绿色，皮质硬。瓜肉白色，有清香味，品质好。

小贴士

1. 丝瓜成熟时，里面有网状纤维，又称丝瓜络，可代替海绵来洗刷灶具及家具。
2. 丝瓜络还可供药用，有清凉、利尿、活血、通经、解毒之效。
3. 烹制丝瓜时应注意尽量保持清淡，油要少用，可勾稀芡。

你知道吗？

　　丝瓜含有蛋白质、脂肪、碳水化合物、钙、磷、铁及维生素 B_1、维生素C，还含有皂苷、植物黏液、木糖胶、瓜氨酸等。丝瓜汁有"美人水"之称。

营养档案

每100克丝瓜中含：

能量	84 千焦
蛋白质	1 克
碳水化合物	4.2 克
钙	14 毫克
胡萝卜素	90 微克
维生素 A	15 微克
叶酸	92 微克
维生素 C	5 毫克

生长习性

　　喜较强阳光，喜湿、怕干旱，以层厚、有机质含量高、透气性良好、保水保肥能力强的沙壤土为好。

分布区域

- 我国南北各地普遍栽培，云南南部有野生品种。
- 世界范围内，广泛栽培于温带、热带地区。

大葱

又名葱、青葱、四季葱、事菜等。
石蒜科葱属。

叶身呈长圆锥形，中空，绿色或深绿色

茎外皮为白色，膜质，不破裂。花着生于花茎顶端。叶身呈长圆锥形，中空，有透明黏液，呈绿色或深绿色；叶鞘茎部包含假茎。主要食用部分为葱白，味辛辣，是生活饮食中不可缺少的调味佐菜，味极鲜美。

营养档案

每100克大葱中含：

能量	138 千焦
蛋白质	1.7 克
脂肪	0.3 克
碳水化合物	6.5 克
膳食纤维	1.3 克
烟酸	0.5 毫克
维生素 C	17 毫克

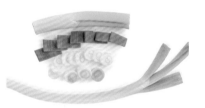

茎极度短缩呈球状或扁球状，外皮为白色，膜质，不破裂

根白色，弦线状，侧根少而短

如何挑选大葱?

1. 看葱白，葱白占三分之一以下说明这个大葱质量不好，口感很差，最佳的比例是一比一。

2. 夏季调凉菜选择南方的小葱比较好，口感细腻，辣味适中。小葱避免挑选叶子发黄、有黄斑的，要买翠绿叶子的。

3. 冬季不要选根须过长的葱，根须太长说明放置已久，会发酸。

分布区域

■在我国的栽培历史久远，以山东、河北、河南为主要产地。

🌿小贴士

1. 狐臭患者忌食。

2. 表虚多汗、自汗之人忌食。

3. 大葱不可与蜂蜜、红枣、杨梅和野鸡同食。

4. 大葱不可与中药地黄、常山、首乌同食。

鉴别

羊角葱
🔊 又名"黄葱"，叶色金黄，茎白，味鲜嫩。

地羊角葱
🔊 茎白，叶绿，叶厚，生吃很辣。

水沟葱
🔊 条秆粗，茎白，叶老之后不能食用。

老葱
🔊 生长期长，植株健壮。皮白结实，冬天存不会空心，香味大，宜做调料，每年在霜降以后上市。

美味食谱

葱烧海参

1. 准备：水发海参 500 克，大葱段 100 克，植物油 25 克，水淀粉 40 克，糖 10 克，酱油 25 克，料酒 25 克，姜水少许。

2. 将海参放入开水锅，加入料酒、姜水，小火微煨，捞出待用。

3. 起油锅，油热时放入葱段和姜片，中火煎至出香味，捞出葱备用，姜片丢弃。

4. 另起锅，旺火烧热油，加入料酒、白糖、酱油、姜水，烧开后撇去浮沫。将煨好的海参、炸好的葱段放入。

5. 汤再次烧开后淋入水淀粉勾芡，起锅前淋葱油。

知识典故

在明代，章丘大葱被御封为"葱中之王"，成为贡品并被广泛种植。

2020 年 11 月 15 日，济南市章丘大葱文化旅游节上，世界吉尼斯总部认证官现场测量一棵大葱的长度为 2.532 米，创造了新的世界吉尼斯大葱高度记录。

你知道吗？

大葱含有脂肪、碳水化合物、胡萝卜素、B 族维生素、维生素 C、烟酸、钙、镁和铁等营养物质。

大葱还含有苹果酸、磷酸糖等营养物质和及挥发性成分，具有散寒健胃、祛痰、杀菌、利肺通阳、发汗解表、通乳止血、定痛疗伤的功效。

生长习性

大葱生存温度在 20~45℃，发芽适宜温度为 13~25℃。

适宜土层深厚、排水良好、富含有机质的壤土。

白萝卜

又名芦菔、莱菔、大萝卜。
十字花科萝卜属。

为一年生或二年生草本植物。根肉质，
呈长圆形、圆形或圆锥形，根皮为
绿色、白色、粉红色或紫色；茎直
立中空，圆柱形；基生叶，茎中、上部叶呈
长圆形至披针形；总状花序顶生或腋生；
花呈淡粉红色或白色；果实为长角果，
近圆锥形；种子呈红褐色，圆形，有细网纹。

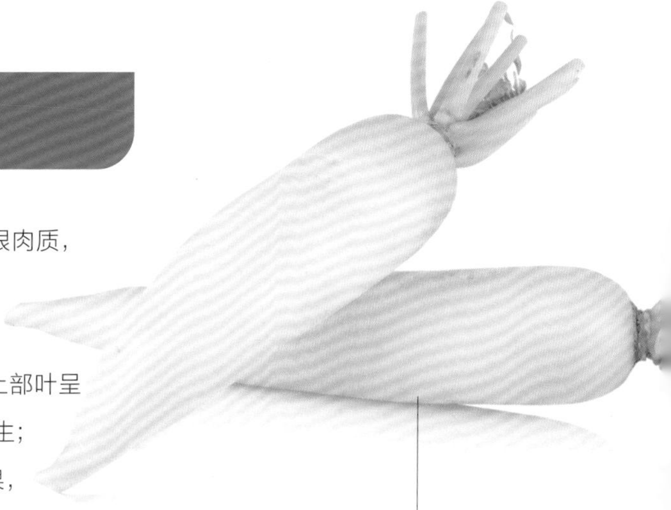

根肉质，呈长圆形、
圆形或圆锥形

基生叶，茎中、上部
叶呈长圆形至披针形

知识典故

清乾隆庚午年编修的《如皋
县志》记载："萝卜，一名莱菔，
有红白二种，四时皆可栽，唯末
伏初为善，破甲即可供食，生沙
壤者甘而脆，生瘠土者坚而辣。"

如何挑选白萝卜？

1. 要挑通体白色、面光滑、整体
均匀的。
2. 气孔竖着比规则的不辣，气孔
不规则的肯定辣。
3. 挑尾巴圈小的不容易糠心。
4. 越重的越水嫩，用手指轻敲白
萝卜，声音越清脆品质越好。

营养档案

每100克白萝卜中含：

能量⋯⋯⋯⋯⋯⋯88千焦
蛋白质⋯⋯⋯⋯⋯0.9克
脂肪⋯⋯⋯⋯⋯⋯0.1克
碳水化合物⋯⋯⋯⋯5克
膳食纤维⋯⋯⋯⋯⋯1克
烟酸⋯⋯⋯⋯⋯0.3毫克
维生素C⋯⋯⋯21毫克
维生素E⋯⋯0.92毫克

分布区域

■全国各地均有栽培。

白萝卜

鉴别

白萝卜

根肉质，呈长圆形、球形或圆锥形，根皮为绿色、白色、粉红色或紫色。皮薄，肉嫩，多汁，味甘不辣。

改良汉白玉萝卜

是从韩国引进的品种。叶数少，根皮纯白，光滑，长圆筒形。极耐抽薹，膨大快，裂根及须根少。

大缨萝卜

肉质根长30厘米左右，呈淡绿色，质地较松脆，微甜，辣味小，主要适用于熟食。

丰光一号

肉质根为长圆柱形，表面光滑，约1/2露出地面，出土部分为浅绿色，入土部分为白色，肉也呈白色。味稍甜而质脆，含水量略多，品质良好。适于熟食、生食和脆渍。

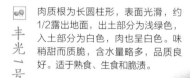

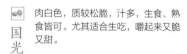

国光

肉白色，质较松脆，汁多，生食、熟食皆可。尤其适合生吃，嚼起来又脆又甜。

你知道吗？

白萝卜含有丰富的维生素C和微量元素锌，有助于增强机体的免疫力，提高抗病能力。

功能特效

味甘、辛，性平，归肺、脾经。

具有下气、消食、除疾润肺、解毒生津、利尿通便的功效。

主治肺痿、肺热、便秘、吐血、气胀、食滞、消化不良、痰多、大小便不通畅、酒精中毒等。

生长习性

属于半耐寒性蔬菜，喜温和凉爽、温差较大的气候。2~3℃时种子就可发芽，发芽适宜温度为20~25℃。

胡萝卜

又名甘荀、番萝卜、丁香萝卜、葫芦蔐金、赤珊瑚。
伞形科胡萝卜属。

叶色浓绿，叶面积小，
叶面密生茸毛

一年生或二年生草本植物。根粗壮或细长，圆锥形，多呈橙红色或黄色。茎直立，多分枝。叶片具长柄，裂片线形或披针形，先端尖锐。复伞形花序，总苞片多数，呈叶状，花通常白色或淡红色。4月开花。

茎单生，全体有白
色粗硬毛

根呈圆形、扁圆形
或圆锥形

鉴别

汉城六寸胡萝卜 皮及芯部呈鲜红色，肉身为长圆筒形，长18~23厘米，重250克左右，根径4~4.6厘米；抗病性强，属于高产品种。亦可风干，适宜炒或炖食。

法国阿雅胡萝卜 属于早熟品种，芯部颜色佳。长19~20厘米，宽5.5~6厘米；根形好，收尾渐细，根皮为橘红色。

营养档案

每100克胡萝卜中含：

能量	155 千焦
碳水化合物	8.8 克
钙	68 毫克
钾	116 毫克
胡萝卜素	4.13 毫克
维生素 C	23 毫克

你知道吗？

胡萝卜肉质根富含蔗糖、葡萄糖、淀粉、胡萝卜素以及钾、钙、磷等，其中胡萝卜素比一般蔬菜高出 30~40 倍。

生长习性

为半耐寒性蔬菜，发芽适宜温度为 20~25℃；生长适宜温度为昼温 18~23℃，夜温13~18℃，温度过高或过低均对生长不利。

分布区域

■全国各地均有栽培。

蒜

又名大蒜、蒜头、胡蒜。
石蒜科葱属。

外包灰白色或淡紫色
干膜质鳞被

为浅根性作物，鳞茎呈扁球形或短圆锥形，外包灰白色或淡紫色干膜质鳞被；叶基生，实心，扁平，线状披针形，基部呈鞘状；花茎直立，佛焰苞有长喙，伞形花序，小而稠密，浅绿色小花；蒴果1室开裂，种子呈黑色。

鉴别

宁蒜一号

蒜头重45克左右。品质好，辣味浓，口感好。

太仓白蒜

属青蒜、蒜薹、蒜头三者兼用类型。蒜头大、圆而白，一般每头有6~9瓣，味香辣，可止痒。

紫皮蒜

外皮呈紫红色，瓣少而肥大，辣味浓厚，品质佳。鲜蒜头重32~58克。又称"蒜砣"，有灰白色的膜被包裹着，内有小鳞茎数瓣，称"蒜瓣"，是供食用的主要部分。其特征是鳞茎只有一个，个大、色白、肉厚。

二红皮蒜

外皮呈浅紫红色，重80克左右。蒜瓣辣味浓，品质中上，耐贮藏。

营养档案

每100克蒜中含：

能量……………536 千焦
蛋白质……………4.5 克
碳水化合物………27.6 克
不溶性膳食纤维……1.1 克
钠……………20 毫克
镁……………21 毫克
磷……………117 毫克
钾……………302 毫克
钙……………39 毫克
铁……………1.2 毫克
维生素 C……………7 毫克
维生素 E………1.07 毫克

生长习性

喜冷凉，怕旱，对土壤要求不高，以富含有机质、疏松透气、保水排水性好的肥沃壤土为宜。

你知道吗？

分布区域

■全国各地均有栽培。

蒜含蛋白质、脂肪、维生素 B_1、维生素 C、胡萝卜素、碳水化合物以及钙、磷和铁等营养物质。

辣椒

又名番椒、海椒、辣子、辣角、秦椒。
茄科辣椒属。

叶互生或簇生，矩
圆状卵形、卵形或
卵状披针形

为一年生或多年生植物。茎分枝，稍呈"之"字形折曲；叶互生或簇生，呈矩圆状卵形、卵形或卵状披针形，全缘；花单生，俯垂，花冠为白色，裂片呈卵形；果梗较粗壮；果实长指状，顶端渐尖且常弯曲，有绿色、红色、橙色或紫红色；种子呈扁肾形，淡黄色。

果实有绿色、红色、
橙色或紫红色

茎分枝，稍呈"之"
字形折曲

营养档案

每 100 克辣椒中含：

能量	159 千焦
蛋白质	1.3 克
脂肪	0.4 克
碳水化合物	8.9 克
膳食纤维	3.2 克
钠	3 毫克
镁	16 毫克
磷	95 毫克
钾	222 毫克
钙	37 毫克
铁	1.4 毫克
维生素 C	144 毫克
维生素 E	0.44 毫克

种子扁肾形，淡黄色

古籍名医录

《食物本草》："消宿食，解结气，开胃口，辟邪恶，杀腥气诸毒。"

《百草镜》："洗冻疮，浴冷痹，泻大肠经寒癖。"

《药性考》："温中散寒，除风发汗，去冷癖，行痰逐湿。"

《食物宜忌》："温中下气，散寒除湿，开郁去痰，消食，杀虫解毒。治呕逆，疗噎膈，止泻痢，祛脚气。"

《药检》："能祛风行血，散寒解郁，导滞，止泄泻，擦癣。"

分布区域

■主要分布于我国内蒙古、湖南、四川、贵州、云南、陕西等地。

鉴别

青椒 果实较大，辣味较淡，作蔬菜食用而不作为调味料。新培育出来的品种还有红、黄、紫等多种颜色，被广泛用于配菜。

矮椒 植株较矮，果实小，呈卵形或长卵形。

羊角椒 是甜椒的一种，形如羊角，又名"鸡泽辣椒"，色泽紫红光滑，细长，尖上带钩，其特点为皮薄、肉厚、色鲜、味香、辣度适中。可鲜食、干食、炒食、炸食、腌食。

甜柿椒 分为无限生长、有限生长和部分有限生长类型。色彩多样。

你知道吗？

辣椒维生素 C 含量高居蔬菜之首位，B 族维生素、胡萝卜素以及钙、铁等矿物质含量亦较丰富。

饮食宜忌

1. 体型偏瘦的人不宜食用辣椒，容易导致出血、过敏和炎症。

2. 甲亢患者不宜食用辣椒，过量食用辣椒等刺激性食物会加重症状。

3. 肾炎患者不宜食用辣椒。

4. 慢性胃肠病、痔疮、皮炎、结核病、慢性气管炎及高血压患者不宜食用辣椒。

5. 慢性肝病患者不宜食用辣椒。

朝天椒 又称"小辣椒"。分枝多、茎直立，单叶互生；花白色，开花期5月初至7月底，果实簇生于枝端，又辣又香。是四川、重庆一带特产。

簇生椒 叶狭长，果实簇生，果色深红，果肉薄，辣味甚强，油分高。

生长习性

适宜的温度为 15~34℃。种子发芽适宜温度 25~30℃，低于15℃或高于 35℃时种子不发芽。

圆锥椒 果实为圆锥形或圆筒形，多向上生长，味辣。

七星椒 是国内最辣的辣椒之一。皮薄肉厚、色鲜味美，素以辣素重、回味甜而闻名，放在1米的视线内就能将很多人辣出泪来。

樱桃辣椒 叶中等大小，圆形、卵圆或椭圆形。果小如樱桃，圆形或扁圆形，有红、黄或微紫色，辣味甚强。

芋头

又名青芋、芋艿、毛芋等。
天南星科芋属。

块茎部分呈深褐色，
外皮环状，粗糙

为多年生草本植物。植株基部形成短缩茎，逐渐累积养分，形成肉质球茎，为食用部位，呈球形、卵形、椭圆形或块状；块茎部分呈深褐色，外皮环状，粗糙；叶片盾形；叶柄长而肥大，呈绿色或紫红色；果肉有白色、米白色及紫灰色，有的还有粉红或褐色纹理。

果肉有白色、米
白色及紫灰色

叶柄长而肥大，
绿色或紫红色

你知道吗？

芋头富含蛋白质、胡萝卜素、B族维生素、维生素C、烟酸以及钙、磷、铁、钾、镁和钠等矿物质，既是蔬菜，又是粮食，可熟食、干制或制粉。

🌿 小贴士

1. 芋头的黏液中含有皂甙，能刺激皮肤发痒，因此生剥芋头皮时需小心。

2. 芋头削皮前倒点醋在手中搓一搓，然后再削。手部有未愈的伤口，避免使用此法。

3. 削了皮的芋头遇水后接触皮肤，会加重发痒，所以，保持手部和芋头干燥时削皮。

4. 如果接触后皮肤发痒，可涂抹生姜，或在火上烘烤片刻，或浸泡醋水。

分布区域

■以珠江流域及台湾省种植最多，长江流域次之。

鉴别

📖 **武芋2号**
为武汉市蔬菜科学研究所选育，早熟。子芋呈卵圆形，整齐，棕毛少。芋芽、芋肉白色，肉质粉，风味佳。

📖 **莲花芋**
产自四川省宜宾地区，历史悠久。属于多头芋。母芋、子芋连接成块，外皮红褐色。球茎肉质致密，水分少，淀粉多，香味浓。

📖 **南平金沙芋**
产自福建省南平市，多子芋。叶柄乌绿色，芋芽淡红色，芋肉白色。晚熟。最常见的做法是把芋头煮熟或蒸熟后蘸糖吃。

📖 **东乡棕包芋**
产自江西临川、东乡等地，多子芋。叶柄乌绿色，芋芽为淡红色，芋肉为白色。质地柔软，略具香味。

📖 **莱阳毛芋**
产自山东省莱阳市，多子芋。叶柄、叶片皆绿色，芋芽和芋肉白色。孤子芋呈椭圆形，个大；分芋、子芋多呈长筒形。

📖 **乌杆枪**
产自四川省泸州市，子芋近圆形，外皮呈棕色，鳞片为白色，球茎肉质细软黏滑，品质较好。

 福鼎芋
产自福建省福鼎市，属魁芋类槟榔芋品种群。母芋呈圆筒形，芋芽为淡红色，芋肉为白色，有紫红色花纹。

营养档案

每100克芋头含：

能量	331 千焦
蛋白质	2.2 克
脂肪	0.2 克
碳水化合物	18.1 克
膳食纤维	1 克
胡萝卜素	160 微克

如何挑选芋头？

1. 芋头宜选择较结实且体型匀称的。

2. 拿起来感到芋头重量轻，就表示水分少。

3. 芋头切开来肉质细白的，就表示质地松，是上品。

4. 注意芋头外形不要有烂点，否则切开一定有腐败处。

5. 观察芋头的切口，切口汁液呈粉质，肉质香脆可口；呈液态状，肉质就没有那么蓬松。

生长习性

喜高温湿润环境，不耐旱，较耐阴，并具有水生植物的特性，水田或旱地均可栽培。

莴笋

又名茎用莴苣、青笋、莴苣笋、莴菜、香莴笋。
菊科莴苣属。

为一年生或二年生草本植物。茎为主要食用部位，直立，单生，茎枝呈白色；基生叶及下部茎叶大，不分裂，倒披针形、椭圆形或椭圆状倒披针形，色淡绿、绿、深绿或紫红，叶面有皱褶；茎为棒状，肉质嫩，为淡绿、翠绿或黄绿色；圆锥形头状花序，浅黄色；瘦果倒披针形，黑褐或银白色，附有冠毛。

基生叶及下部茎叶大，不分裂，倒披针形、椭圆形或椭圆状倒披针形

茎直立，单生，茎枝呈白色

肉质嫩，为淡绿、翠绿或黄绿色

饮食宜忌

宜食：

莴笋适宜小便不通、尿血及水肿、糖尿病和肥胖、神经衰弱症、高血压、心律不齐、失眠患者食用。

妇女产后缺奶或乳汁不通可食用莴笋。

有解酒功效，酒后可食用。

适宜生长发育期的儿童食用。

忌食：

多动症儿童，患眼病、脾胃虚寒、腹泻便溏之人不宜食用莴笋。

莴笋过量或是经常食用会引发头昏嗜睡的中毒反应，多食还会导致夜盲症或诱发其他眼疾。

你知道吗？

莴笋营养丰富，含有蛋白质、脂肪、碳水化合物、维生素 A、B 族维生素、维生素 C、钙、磷、铁、钾、镁和硅等营养成分。

分布区域

■原产地在地中海沿岸。

■我国各地均有栽培。

🍃 小贴士

吃莴笋时最好洗干净凉拌吃。煮着吃或者炒熟吃时，烹饪时间越短越好，否则会破坏其营养成分。

鉴别

尖叶白莴笋 　该品种在我国北方和长江流域大部分地区(温棚)四季栽培，在云南、贵州、福建和广东等南方地区全年种植，适宜做越夏抗高温栽培的推荐品种。胡萝卜素含量丰富，对儿童的成长发育有益处。

白叶莴笋 　为株洲地方品种。肉质茎、皮、肉皆白绿色，根呈棒状，质脆清香，品质好。可风干加工成干品保存较长时间。

尖叶莴笋 　叶片呈披针形，先端尖，叶簇较小，节间较稀，叶面平滑或略有皱缩，色绿或紫。肉质茎呈棒状，下粗上细。主要品种有柳叶莴笋、陕西尖叶白笋、成都尖叶子、重庆万年桩、上海尖叶和南京白皮香早种等。

北京紫叶莴笋 　为北京市地方品种。植株生长势强，株高、节间长，叶片呈披针形，心叶呈紫红色，叶面皱缩少。笋为长棒形，上端稍细，茎皮呈浅绿色，基部带紫晕，皮厚，纤维多，肉质为黄绿色，质地嫩脆，味甜，含水分多，品质好。

北京鲫瓜笋 　茎用类型。叶呈浅绿色，长倒卵形，叶面微皱，稍有白粉。肉质茎呈纺锤形，中下部稍粗，两端渐细。品质好，肉质致密，嫩脆，含水分多。

营养档案

每 100 克莴笋中含：

能量	63 千焦
蛋白质	1 克
碳水化合物	2.8 克
膳食纤维	0.6 克
钠	36 毫克
镁	19 毫克
磷	48 毫克
钾	212 毫克
钙	23 毫克
维生素 C	4 毫克

成都挂丝红莴笋 　长势较强，株高53厘米，开展度53厘米，叶簇较紧凑。叶片呈倒卵形，叶面微皱，有光泽，叶缘波状浅齿，心叶边缘微红，叶柄着生处有紫红色斑块。茎肉绿色，品质好。

二青皮莴笋 　叶簇半直立，叶呈长倒卵圆形，先端钝尖，叶缘微波状，有浅锯齿。叶面较皱，黄绿色，中肋草绿色。茎皮草绿色，肉淡绿色。肉质细嫩，味甜，品质好。

生长习性

　　根系浅，吸收能力弱，对氧气要求较高，种植土壤以沙壤土为佳。

锣锤莴笋 　为长沙地方品种。圆叶种，叶簇较平展。叶片浅绿色，长倒卵圆形，着生较密。肉质茎、皮、肉皆为绿色，锣锤状，肉质脆嫩，清香，品质好。

姜

又名生姜、白姜、川姜、黄姜等。
姜科姜属。

多年生宿根草本植物。浅根，肉质根茎为主要食用部位，块状，淡黄色，外被红色鳞片；暗绿色叶片呈线状披针形至披针形；花茎自根茎长出，穗状花序椭圆形，花稠密，绿白色，背面边缘黄色；花冠乳黄色至绿黄色，长管状披针形；果实为蒴果；种子黑色，具胚乳。

肉质根茎块状，
淡黄色

叶片线状披针
形至披针形，
暗绿色

营养档案

每 100 克姜中含：

能量	193 千焦
蛋白质	1.3 克
脂肪	0.6 克
碳水化合物	10.3 克
膳食纤维	2.7 克
钠	15 毫克
镁	44 毫克
磷	25 毫克
钾	295 毫克
钙	27 毫克
锰	3.2 毫克
铁	1.4 毫克
维生素 C	2 毫克

你知道吗？

姜虽不像其他蔬菜那样含有较多的维生素和矿物质，但其钾和铁含量很高，并含有丰富的碳水化合物和膳食纤维。姜味辛性微温，入脾、胃、肺经，可以发汗解表，温中止呕，温肺止咳，还具有解毒的功效。

小贴士

1. 姜的形状弯曲不平，体积又小，可用啤酒瓶盖周围的齿来削姜皮。

2. 腐烂的生姜不能吃。有些人认为"烂姜不烂味"，这种想法是很危险的，因为生姜腐烂会产生毒素，会导致肝癌和食道癌的发生。

分布区域

■在我国主要分布于广东、广西、云南、台湾等地。

鉴别

莱芜大姜 姜球肥大，节小而稀，外形美观，出口销路好。

密轮大肉姜 肉质根茎簇生，分枝较密成双排列。肉质致密，纤维多，味较辣。

疏轮大肉姜 根茎肥大，嫩芽粉红色。肉黄白色，表皮淡黄色，味辣，纤维少，品质佳。

红爪姜 生长势强，根茎肥大，单株重约500克，皮淡黄色，芽带淡红色，故名"红爪"。肉蜡黄色，纤维少，味辣，品质佳。

玉林圆肉姜 根茎皮淡黄色，肉黄白色，芽紫红色，肉质细嫩，辛香味浓，辣味较淡，品质佳。单株重一般500~800克，最重可达2 000克。

遵义大白姜 贵州遵义及湄潭一带农家品种。根茎肥大，表皮光滑，姜皮、姜肉皆为黄白色，富含水分，纤维少，质地脆嫩，辛味淡，品质优良。嫩姜宜炒食或加工糖渍。一般单株根茎重350~400克，大者可达500克以上。

生长习性

要求阴湿而温暖的环境，繁殖期间的适宜温度为22~28℃，不耐寒，地上部分遇霜会冻死。

竹笋

又名竹萌、竹芽、春笋、冬笋、生笋。
禾本科。

多年生常绿草本植物竹的幼芽，也称为笋。食用部分为初生、嫩肥、短壮的芽或鞭。地下茎入土较深，竹鞭和笋芽借土层保护。竹笋长 10~30 厘米，纵切面可见中部有许多横隔和周围的肥厚笋肉，笋肉又被笋箨包裹着。

初生、嫩肥、短壮的芽或鞭为食用部分

纵切面可见中部有许多横隔

营养档案

每 100 克竹笋中含：

能量	96 千焦
蛋白质	2.6 克
脂肪	0.2 克
碳水化合物	3.6 克
膳食纤维	1.8 克
镁	1 毫克
磷	64 毫克
钾	389 毫克
钙	9 毫克
锰	1.14 毫克
烟酸	0.6 毫克
维生素 C	5 毫克

你知道吗？

竹笋含有丰富的蛋白质、氨基酸、脂肪、碳水化合物、钙、磷、铁、胡萝卜素、B 族维生素和维生素 C 等，同时具有低脂、低糖、多纤维的特点，为优良的保健蔬菜。

小贴士

1. 竹笋性凉，结石症患者及脾虚肠滑者应谨慎食用，儿童也不宜大量食用。

2. 竹笋中含有较多的膳食纤维，患有十二指肠溃疡、胃溃疡、胃出血等胃肠疾病的人应少吃。

3. 烹饪鲜竹笋时应先焯水，这样可以除竹笋的涩味，还能去除草酸，美味又健康。

分布区域

■ 在我国主要分布于江西、安徽、浙江、福建、台湾以及珠江流域等地。

鉴别

青竹笋 笋味佳，产量高，出笋季节迟，深受人们喜爱。据余姚市河姆渡镇史门村的调查，一般经营的竹园发笋率高达70%以上。

浙江淡竹 别名"淡竹""红壳竹"。箨带红色或红褐色，笋味鲜美，产量较高，竹竿粗大，是优良的笋用竹良种。

尖头青竹 径粗4~6厘米，幼竿无明显白粉，深绿色，节处带紫色，老竿绿色或黄绿色；竿环较隆起，高于箨环。笋绿色，圆锥形顶端削尖。

角竹笋 角竹为高产迟熟品种，5月中旬至6月初出笋。产笋量高，是生产油焖笋、清汁笋（角竹笋罐头）的良好材料。

早竹笋 为早熟高产品种，笋味佳，营养价值高，是竹笋中出肉率最高的竹种。最好的储存方法是加工（干燥、浸渍）贮存。

冬笋 笋形弯曲、基部呈尖状或笋壳开裂老化的笋，不能转化为春笋，可以采挖。

绿竹笋 浙南常用绿竹笋制马蹄笋罐头出口，经济价值高。绿竹出笋在5~11月，笋味鲜美。主要分布在浙江、福建、广东、广西和台湾等地。

箭竹笋 笋紫红色，密被棕色刺毛；背面或背面的上半部被较密的黄色至黄褐色疣基刺毛，纵向脉纹明显，边缘上部生有棕色纤毛。

哺鸡竹笋 哺鸡竹为高产、耐寒、耐盐碱竹种，可在含盐量为0.1%~0.3%的土壤上生长，十分适宜作沿海防护林和高山绿化竹种使用。

红哺鸡竹 又叫"红竹""红壳竹"。出笋时竹笋呈红色。竹竿淡黄色，分枝多，绿叶婆娑，潇洒飘逸，挺拔坚韧。

黄甜竹笋 笋质优，可食率达57.53%，鲜笋味甜松脆，水分含量高。

奉化水竹笋 奉化水竹俗称鳗竹，因其形似鳗鱼而得名。它自然分布于浙东一带，水竹的发笋成鞭率高，笋质鲜嫩，味美，营养丰富，笋出肉率高。出笋一般在每年的5月上旬，至6月上旬结束，这段时间是其他竹笋供应淡季，因此销路好。

浙东四季竹笋 它的最大特点是一年四季可产笋，从5月中旬至11月下旬都能挖到鲜笋。鲜笋经水煮后烹调，风味鲜美，也可作笋、材两用竹和观赏竹，是理想的四季竹品种。

如何挑选竹笋？

1. 个头比较矮且粗壮的，笋型呈牛角，有弯度的竹笋肉较多。

2. 笋壳较硬的笋更为新鲜，笋壳完整并且紧贴笋肉，棕黄色的笋为佳，绿色的笋为次。

3. 竹笋根部边上为白色的最佳，黄色次之，绿色最差。根部的斑点颜色鲜红的笋肉鲜嫩，暗红或深紫的笋肉质较老。

4. 可以用指甲在截面轻易抠出小坑的笋肉质比较鲜嫩。

生长习性

喜温怕冷，需要土层深厚，土质疏松、肥沃、湿润、排水和通气性良好的土壤。冬季只有在霜冻少，低温时间短的条件下才可以越冬。

黑木耳

又名木菌、光木耳、树耳、木蛾、黑菜。
木耳科木耳属。

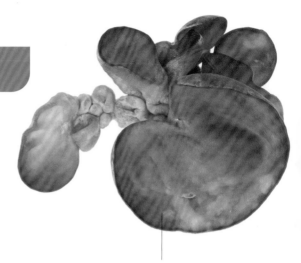

子实体为褐色略呈耳状、叶状或杯状，湿润时半透明，干燥时收缩变为脆硬的角质至近革质；子实层生里面，平滑或稍有皱纹，紫灰色，后变黑色，直径 3~10 厘米，厚 2 毫米左右。黑木耳耐寒，对温度反应敏感，多分布在北半球温带地区。

子实体褐色，呈耳
状、叶状或杯状

鉴别

🔊 **皱木耳** 子实体一般较小，胶质，耳形或圆盘形，无柄。子实层淡红褐色，有白色粉末，有明显皱褶并形成网格，外面稍皱，红褐色。质地较脆，易收集。

🔊 **毛木耳** 子实体胶质，浅圆盘形，耳形呈不规则形。有明显基部，无柄，基部稍皱。紫灰色，后变黑色。背面长满黄色茸毛，叶片较厚。

生长习性

生长于栎、杨、榕和槐等 120 多种阔叶树的腐木上，丛生，常屋瓦状叠生。

也可以人工栽培。生长需散光、湿润和温暖的环境。

营养档案

每 100 克黑木耳中含：

能量	113 千焦
蛋白质	12.1 克
脂肪	1.5 克
碳水化合物	65.6 克
钠	48 毫克

你知道吗？

黑木耳富含蛋白质、脂肪、胡萝卜素、多种维生素以及钙、磷、铁等矿物质。

黑木耳具有提高身体免疫力、抗肿瘤、抗衰老、抗辐射、抗凝血、降血脂、降血糖等多种作用。

黑木耳还能抗溃疡、抗肝炎、抗感染、抗突变、促进核酸和蛋白质生物合成。

分布区域

■我国华东大部分地区，西北、西南、华南部分地区，黑龙江、河北、河南、台湾等地均有分布。

四季豆

四季豆

又名菜豆、芸豆、豆角。
豆科菜豆属。

先端有尖长的喙，
扁条形

一年生草本植物。幼茎绿色、暗紫和淡紫
红色，成熟后多绿色；总状花序，蝶形花，花冠
白、黄、紫或淡紫色；豆荚背腹两边沿有缝线，
先端有尖长的喙，扁条形；荚果直或稍弯曲；种子
着生在豆荚内，肾形，有红、白、黄、黑及斑纹等颜色。

鉴别

优胜者

嫩荚近圆棍形，长约14
厘米，均重8.6克。肉厚
纤维少，品质好。

你知道吗？

四季豆富含蛋白质和多种
氨基酸，还含有碳水化合物、
胡萝卜素、维生素A、B族维
生素、维生素C、膳食纤维以
及钙、钠等。

营养档案

每100克四季豆中含：

能量	130 千焦
蛋白质	2 克
脂肪	0.4 克
碳水化合物	5.7 克
膳食纤维	1.5 克
钠	9 毫克
镁	27 毫克
磷	51 毫克
钾	123 毫克
钙	42 毫克
铁	1.5 毫克
维生素A	35 微克
烟酸	0.4 毫克
维生素C	6 毫克
维生素E	1.24 毫克

生长习性

喜温暖不耐霜冻。种子发芽
的温度范围是20~30℃，低于
10℃或高于40℃不能发芽。

属于短日照植物，根系发达，
侧根多，较耐旱而不耐涝。

对土壤要求不严，在砂质土、
壤土和一般黏质土中都能生长，
但最适宜生长的环境为土层深厚、
松软、腐殖质多且排水良好的土
壤，不宜在低湿地、重黏土中栽培。

小贴士

1. 烹煮时要保证四季豆熟透，
否则会发生中毒的情况。

2. 妇女多白带者及皮肤瘙痒、
急性肠炎者更适合食用四季豆。

3. 四季豆适宜癌症、急性肠胃
炎、食欲不振者食用。

4. 腹胀者不宜食用四季豆。

分布区域

■广泛分布在欧洲、亚洲、南美洲地区。
■我国南北方广为种植。

红薯

又名番薯、甘薯、红苕、白薯、地瓜等。旋花科虎掌藤属。

一年生草本植物。具椭圆形或纺锤形的地下块根为食用部位；圆柱形茎平卧或上升，多分枝，绿或紫色，被疏柔毛；叶片为宽卵形，浓绿、黄绿、紫绿等色；聚伞花序腋生，花冠粉红、白、淡紫或紫色，钟状或漏斗状；蒴果卵形或扁圆形；种子通常 2 枚，无毛。

具椭圆形或纺锤形的地下块根

圆柱形茎平卧或上升，多分枝，绿或紫色，被疏柔毛

鉴别

花心王 是从日本引进，独具特色的保健型红薯品种。薯形纺锤形，薯肉紫红与白相间，切开后呈曲线形花纹，美观漂亮。生食脆甜，熟食清香甜软，纤维少，含有多种保健元素。

日本川山紫黑红薯 薯块纺锤形，整齐均匀，耐贮藏，易保鲜。

菜用红薯 是红薯新品种。运用现代高科技手段，把蕹菜的基因转至红薯体内育成的一个地上长蔬菜，地下结红薯，具有粮、菜、药兼用的珍稀红薯新品种。株型半直立，短蔓，分枝多，叶色浓绿，叶呈梨头形。

紫薯 薯肉为紫色的红薯品种。含有丰富的矿物质，钙的含量比土豆高 5 倍，镁的含量相当于胡萝卜的 3 倍，且含有多种维生素。

生长习性

适应性广，抗逆性强，耐旱、耐瘠。喜温、怕冷、不耐寒，温度为 22 ~ 30℃时长势良好，温度低于 15℃时停止生长。适宜的温度下植株各生长期长势良好，根块数量较多且膨大。

营养档案

每 100 克红薯中含：

能量……………255 千焦
碳水化合物………15.3 克
膳食纤维……………3 克

你知道吗？

红薯营养丰富，富含淀粉、碳水化合物、蛋白质、维生素、纤维素以及各种氨基酸，是非常好的营养食品，兼具粮食和蔬菜的功能。

🌱 小贴士

红薯冬季采收，洗净，除去须根鲜用，或切片、晒干备用。

分布区域

■我国大多数地区普遍栽培。